正しく知っておきたい

デグーの健康と病気

幸せサポートBOOK

監修
田園調布動物病院院長
田向 健一

はじめに

近年、エキゾチックアニマルと呼ばれる小動物たちを飼育する人が増加しています。これから紹介するデグーもエキゾチックアニマルの一つで、2000年代半ばから日本でもよく飼育されるようになりました。

デグーはもともとチリの山岳地帯に生息するげっ歯類の一種ですが、現在ペットとして流通している個体はすべて人の下で繁殖された個体です。ペットとして古くから飼育されているげっ歯類のゴールデンハムスターと大きさはよく似ていますが、習性や人間に対しての慣れ方は全く異なります。

デグーは集団で飼育することが可能で活動的。表情も豊かで手先が器用。その生態は興味深く、飼い主を飽きさせることはありません。また寿命が6～8年ほどのため、ハムスターと比べると長く一緒に過ごせるのも魅力の一つです。

その一方、最近人気のウサギやチンチラと比べると体は小さく、そのぶん体力が少ないため、ストレスや病気に対しては弱い一面があります。したがって、飼育している時にはよく観察をしてわずかな変化を見逃さないことが大切です。

デグーを飼っているとさまざまな病気やケガを起こすことがあります。その時に、慌てないように事前に知識を入れておくことはとても大切です。一方で、飼い主の勝手な判断での処置や治療はかえって、良くない方向にさせることがあります。

今デグーを飼っている方、これからデグーを飼いたい方に向けて、起こりうるトラブルの対策と対応を1冊にまとめました。本書をきっかけにデグーが健康で長生きできる一助になれば監修者としてこれほど嬉しいことはありません。

田園調布動物病院院長　田向健一

正しく知っておきたい
デグーの健康と病気　幸せサポートBOOK

第1章／予防編

健康を保つには

いつも活発で愛らしい姿を見せ続けてくれるデグー。その寿命は6年～8年と言われています。中には8年以上も生き続けている長生きデグーもいます。そんなデグーですが、いざ健康を損なえば病気にかかったり、デグー同士のケンカや事故などでケガをするなど、その後の生活を快適に過ごせなくなることが起こります。

デグーに快適で元気に過ごしてもらうために、病気やケガをさせないことはとても大切です。デグーが生活しやすい環境づくりや日頃からの健康管理に気をつけましょう。

大事なのは予防

愛らしい見た目と活発な動きをするデグーですが、他の小動物と
同様に病気にかかったりケガしたりすることがあります。

愛するデグーのために必要なこと

デグーの寿命は6~8年と言われ、決して短い期間ではありません。愛するデグーが病気で苦しむ姿を見たくないのは飼い主の誰もが思う気持ちでしょう。

デグーの病気やケガには、本書で紹介しているように、目、耳、口、皮膚などの病気のほか、それらを含めた内分泌系、循環器系、消化器系、呼吸器系、泌尿器系、生殖器系、捻挫・脱臼・骨折などさまざまなものがあります。これらの病気やケガは、早期発見・早期治療が重要です。しかし、病気やケガしてから治療するよりも、病気やケガにならないように予防することが何よりも大切です。

病気やケガ予防の基本対策

では、デグーの病気やケガ予防にはどのような対策があるのでしょうか？

①栄養バランスの取れた食餌

②環境：ケージ内の清潔さや適正な温度・湿度の管理

③適度な運動や遊び

④定期的な健康チェック

デグーは、適切な飼育と予防があれば、元気に長生きすることができます。大切なのは、飼い主がデグーについてしっかりと理解し、愛情を持って接することです。愛するデグーとの暮らしを、病気やケガの心配なく長く続けられるよう、今から予防対策を始めましょう。

健康チェックのポイント

デグーの健康を守るために、日頃からデグーをしっかりと観察し、
健康状態をチェックすることが大切です。

健康チェックの内容

健康チェックの内容を以下に表にしました。それぞれのチェックは毎日行うことが基本となります。

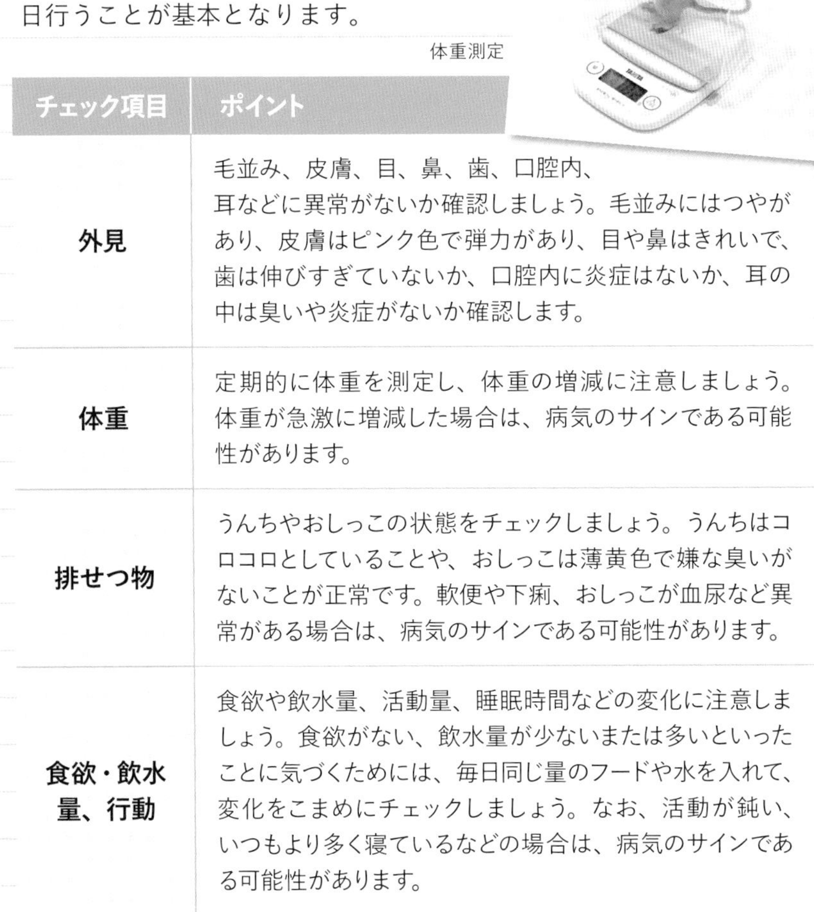

体重測定

チェック項目	ポイント
外見	毛並み、皮膚、目、鼻、歯、口腔内、耳などに異常がないか確認しましょう。毛並みにはつやがあり、皮膚はピンク色で弾力があり、目や鼻はきれいで、歯は伸びすぎていないか、口腔内に炎症はないか、耳の中は臭いや炎症がないか確認します。
体重	定期的に体重を測定し、体重の増減に注意しましょう。体重が急激に増減した場合は、病気のサインである可能性があります。
排せつ物	うんちやおしっこの状態をチェックしましょう。うんちはコロコロとしていることや、おしっこは薄黄色で嫌な臭いがないことが正常です。軟便や下痢、おしっこが血尿など異常がある場合は、病気のサインである可能性があります。
食欲・飲水量、行動	食欲や飲水量、活動量、睡眠時間などの変化に注意しましょう。食欲がない、飲水量が少ないまたは多いといったことに気づくためには、毎日同じ量のフードや水を入れて、変化をこまめにチェックしましょう。なお、活動が鈍い、いつもより多く寝ているなどの場合は、病気のサインである可能性があります。

食餌の栄養バランス

主食のほかに副食を与えましょう。
ただし、与えてはいけない食べ物もあるので注意しましょう。

デグーの代表的な主食チモシー

デグーは完全な草食で、野生下では主にイネ科の植物などを主食としています。

飼育下では繊維質が多い牧草を主食にして、補助としてペレットを与えると良いでしょう。ペレットはパッケージに記載されている分量を参考に、体格や便の状態に合わせて与えてください。

デグーに与える代表的な主食はイネ科のチモシー（和名・オオアワガエリ）です。チモシーは1年に3回収穫できて、1番刈り、2番刈り、3番刈りがあります。1番刈りから3番刈りまで、その特徴に合わせた成長期のデグーに与えましょう。

収穫期	特徴	適した成長過程
1番刈り	栄養も高く、繊維質も豊富。歯ごたえがあって硬い	青年期以降
2番刈り	1番刈りよりも柔らかい	幼年期以降
3番刈り	柔らかく食餌用のほか、床材に使用	幼年期

成長過程の目安

デグーの年齢の目安として、生後1年をすぎると1年で人間でいう10歳年をとるようになります。

幼年期：誕生から 4 週間くらいまでで、人間でいうと 0 歳～ 3 歳頃の時期となります。
青年期：生後 4 週間～ 6 ヵ月くらいまでで、人間でいうと 4 歳～ 16 歳頃の時期です。
壮年期：生後 6 ヵ月～ 4 年くらいまでの時期を言います。生後 1 年で、人間の 20 歳頃に相当します。
老年期：生後 4 年くらいをすぎると、デグーは老年期に入ります。

ペレットを与えすぎないようにしよう

牧草とペレットの違いの一つに、食べる時に歯をどのくらい使うかというポイントがあります。

牧草は臼歯をまんべんなく使いますが、ペレットは砕けやすく、すぐに食べられます。しかし、ペレットばかりを与えると臼歯が削れず、不正咬合などの歯のトラブルが起こりやすくなる可能性もあります。さらに、ペレットの食べすぎで肥満になるというデメリットもあります。大人の健全なデグーには牧草を食べさせて、臼歯が削れるように十分な食事時間をつくり、歯や体のトラブルを未然に防ぎましょう。

ちなみに、1日に与えるペレットの量はデグーの体重の5%以内が目安とされています。

偏食防止や食材のバリエーションを増やすために野菜を与えよう

主食の牧草やペレットの他にも副食として野菜や乾燥野菜を与えることで、食事のバリエーションが豊かになり、偏食防止につながります。

少しずつ与えて、気に入ったものを探してみましょう。味が濃く、保存ができる乾燥野菜を好むデグーもいます。

与えても良い野菜
キャベツやにんじん、にんじんの葉、大根の葉、小松菜、水菜、チンゲンサイ など。

与える量

野菜は水分量が多いため、与えすぎると下痢になる恐れがあります。

目安として主食の邪魔にならない程度に毎日1種類、週替わりで2～3種類を与えることをおすすめします。一方、乾燥野菜は量が減るので数種類与えても主食の邪魔になりません。

おやつとは？

主食や副食以外のデグーが大好きな食べ物がおやつです。

ひまわりの種や大麦、アルファルファスナック、ベジドロップ(キャロット・ビーツ・パセリ・タンポポ)などがあります。おやつは飼い主に慣れてもらいたい時や芸を覚えるご褒美にコミュニュケーションツールとして与えましょう。

デグーに与えてはいけない食べ物

人が普通に食べている食べ物でも、デグーにとっては毒になる食べ物があります。

牛乳は下痢をする原因になるので、与えてはいけません。玉ネギや長ネギなどのネギ類やニラ、ジャガイモの皮と芽、アボカド、桃、さくらんぼ、梅、アンズ、ビワなどの果実も与えてはいけません。クッキーやチョコレート、ケーキなども脂肪分や糖分、塩分は多いため、健康を害する恐れがあります。

デグーは自分で食べるものを選べないので、飼い主が責任を持ってしっかり管理しましょう。

デグーの体重の目安

大人のデグーの平均体重は170g～300gです。

日々の体重測定は病気の早期発見につながるので、平均体重を目安に食事の量を考えて与えましょう。

年齢	平均体重
誕生してすぐ	15g
生後１週間	20g
生後２週間	25g
生後１ヶ月	60g
生後１ヶ月	150g～200g
生後１年	170g～300g

清潔な環境づくりが大事

病気やケガの予防には、
清潔な環境づくりも重要です。

飼育環境を清潔に保つ

デグーは、体が小さくデリケートな動物です。そのため、不衛生な環境で飼育すると、病気にかかりやすくなります。デグーの飼育環境を清潔に保つために、次の点に注意しましょう。

毎日行う掃除

健康のために、ケージ内やステージを水やお湯で絞った布で毎日簡単にふきましょう。寝床は、毎日新しいものに取り替えるか、洗濯して清潔に保ちます。また、食器や給水器は、毎日洗って清潔に保ちましょう。

飼い主がその作業に慣れてしまえば、毎日5分程度で掃除を終わらせることができるようになるでしょう。

ステージの
清掃の様子

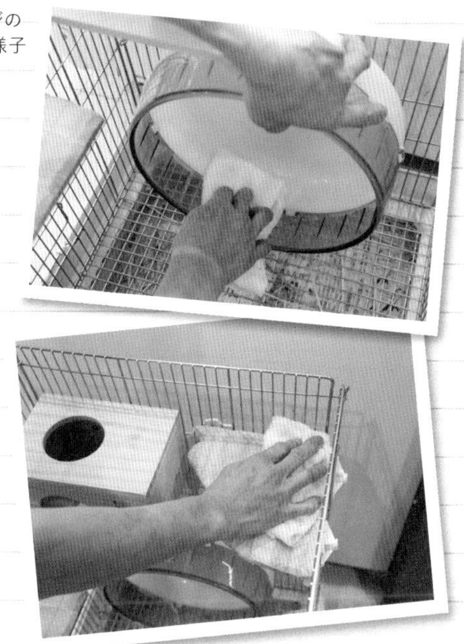

回し車を清掃している様子

砂浴び容器の掃除ほか

1週間に1回新しい砂と交換しましょう。砂浴びの容器や瓶も汚れがたまるので、同じタイミングで洗浄してください。また、ケージ内に埃が溜まると、デグーが呼吸器疾患にかかりやすくなるため、ケージ内に埃が溜まらないように、定期的に掃除機などで埃を取り除きましょう。

温度・湿度管理も大切

デグーの病気予防には、
温度・湿度管理も非常に重要です。

デグーの最適な温度・湿度

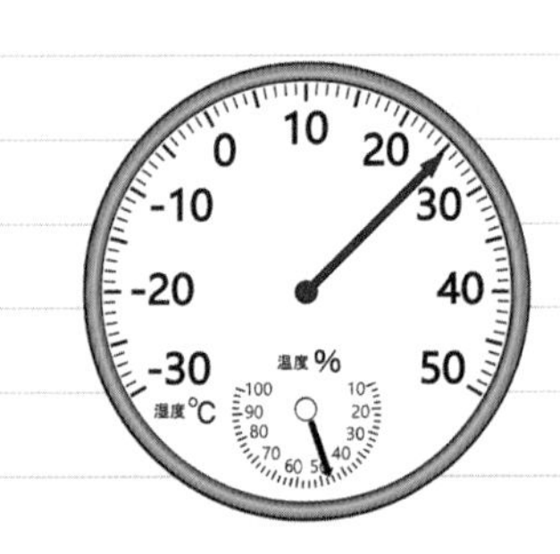

デグーにとって、室温20 ～25°C程度／湿度50 ～60%程度が、最適で過ごしやすい環境です。温度計・湿度計があると1日のケージ内の状態がわかり、暑さや寒さ対策ができて便利です。

しかし、適温はデグーの個体によって異なる場合もあるので、最適温度や湿度に設定しても、デグーが寒そうにしていないか、暑がっていないか状態を確認しましょう。病気のデグーや年老いたデグー、赤ちゃんデグーがいる場合は温度や湿度管理をしっかりと行いましょう。

涼感プレートの例

夏の暑さ対策

デグーの出身地であるチリの夏の日中は気温が上がり、場合によっては30度を超えるほどの暑さとなります。夏の間デグーは日中外に出ずに、地下にある巣穴に涼みながら過ごしています。デグーが熱中症にならないように、夏の暑い日には1日中エアコンをつけて温度管理を行うのが好ましいです。難しい場合は夜涼しい時に昼間だけつけるなど、状況に合わせてその都度調整をしましょう。

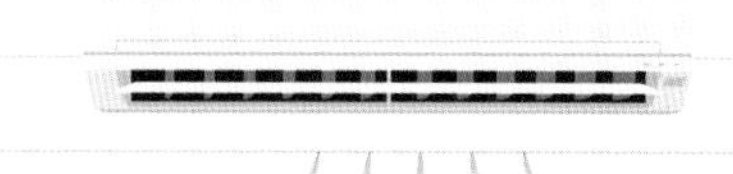

冬の寒さ対策

デグーは暑さのみならず、寒さも苦手な動物です。

野生のデグーは標高1,200mの場所に暮らしているので、一見寒さに強いと思われがちです。しかし、実際は巣穴に寒さから身を守るように集団で身を寄せ合います。実は、寒さには弱い生き物なのです。冬はデグーが低体温症にならないように、温度調整をしっかり行いましょう。暖房は20度以上に設定し、ペットヒーターを設置してください。暖かい空気は上昇するために床の温度は低くなります。そのため、デグーが感じている室温を正確に測るには、ケージの近くで測りましょう。

小動物用ヒーターの例

ケガをしない環境づくり

飼育環境によっては、ケガをしやすい状況に陥ることがあります。
ケガを防ぐためには、以下の点に注意しましょう。

ケージの設置場所

デグーのケージは、安定した場所に設置し、転倒や落下を防ぎましょう。また、直射日光が当たる場所や、エアコンの風が直接当たる場所は避け、温度や湿度が安定した場所に設置しましょう。

ケージ内の構造

デグーは高いところから飛び降りることがあります。落下してケガをする可能性があるため、ケージ内には、登ったり降りたりできる構造物を設置する場合は、滑りにくい素材を使用し、落下してもケガをしない高さに設置しましょう。

なお、老年期のデグーの場合には、運動能力が衰えて落下事故などが起こりえます。したがって、危険防止のためにハウスやステージ、ハンモックなどから落ちないようなレイアウトに変えましょう。

回し車

運動不足にならないように、回し車を設置して運動させることが大切です。回し車は、デグーの体格に合った大きさのものを選び、安定した場所に設置しましょう。

おもちゃ

ストレスを解消するために、おもちゃを与えてあげましょう。しかし、尖った部分や小さな部品があるおもちゃは、デグーが誤飲したり、ケガをしたりする可能性があるので避けましょう。

伸びてしまった爪への対処法

ケガを防止するということで、
デグーの爪の長さの管理も大切です。

爪の手入れ

爪が伸びすぎてしまうと毛づくろいをする時に手や足に当たってしまったり、目を傷つけてしまったり、狭い場所やケージの隙間に引っ掛けてしまったり、爪が邪魔で足が地面にちゃんとつかなくなってしまうなどデグーがケガをす

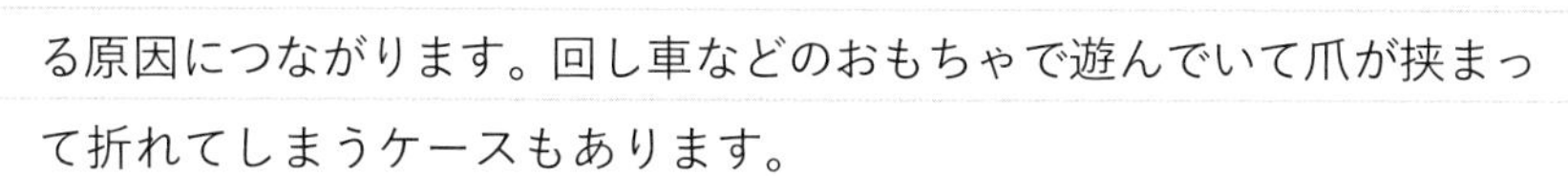

る原因につながります。回し車などのおもちゃで遊んでいて爪が挟まって折れてしまうケースもあります。

デグーの爪を飼い主自身が切る場合は、小動物用の爪切りや赤ちゃん用の爪切りをしましょう。 自分で爪切りをするのが難しい場合は、動物病院で切ってもらうこともできます。

通常は手入れ不要

野生のデグーは、自然の中で暮らしているうちに自然と爪がすり減るので、爪切りの必要がありません。飼育下のデグーも動き回っているうちにすり減ったり自分で爪を噛むので、通常は爪切りが不要です。そのように、デグーの爪は、通常は手入れは不要ですが、必要な時もあります。その時に適切に飼い主が処置してあげましょう。

伸びてしまった個体には爪を切ろう

爪が伸びてしまった個体や老齢のデグー、ケガをしてしまい自分で爪の手入れができなくなってしまったデグーには、爪切りをしましょ

う。爪が伸びたままの状態だとケガをしてしまったり、デグー自身を傷つけてしまったりする場合があるので、定期的に爪の長さをチェックするようにしてください。

2人で爪切りを行うのがおすすめ

爪切りは2人で行うことをおすすめします。

1人がハンドタオルなどで優しく包み、爪を切る足だけを出して、もう一人が指をもって切ります。

1人で爪切りを行う場合

1人では動いてしまって、指を切ったりしてしまうので十分に注意して行います。上手に爪を切る方法として、網目の細かいケースに入れて、網目から飛び出た爪をカットするといいでしょう。デグーは、かなり爪切りを嫌がるので1日1本ずつカットするなど少しずつ爪切りを行い、ストレスを抑える配慮が必要です。

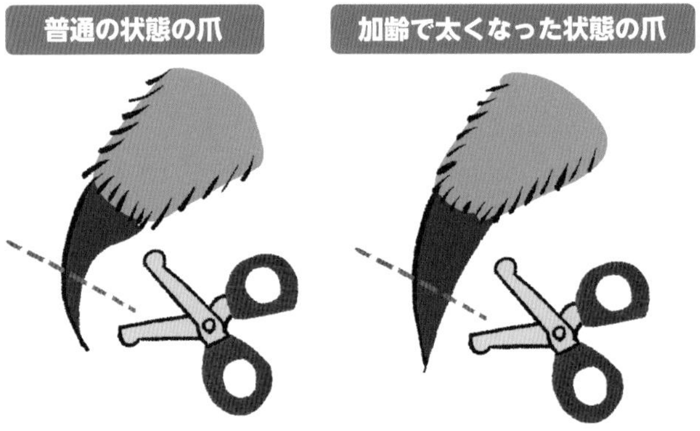

前足の爪だけをカットする。後ろ足は自然とすり減るために切らない。
点線の部分でカットする

ケガの応急処置を知っておこう

温度や湿度、衛生面での気配りにもかかわらず病気になることもあります。そのような時の応急処置法を知っておきましょう。

ケガへの応急処置法

デグーがケガをして出血をしている場合には、清潔なガーゼやティッシュで優しく押さえて止血します。また、腫れや炎症がある場合は、患部を清潔に保てるように清潔なガーゼなどで保護しましょう。それらの応急処置を施したうえで、早めに獣医師に診てもらいましょう。

温度管理に十分注意

病気で体が弱っている時は、特にケージ内の温度管理に気を配りましょう。デグーは冬に冬眠をしない動物なので、低体温症になり死亡してしまうこともあります。夏の熱中症対策やクーラーの寒さ対策にも十分に気を配りましょう。

衛生面に配慮

排せつ物を片付けていないなど、ケージ内が汚れたままの状態にしておくと他の病気を引き起こしてしまう可能性があります。ケージ内を清潔に保ち、デグーが快適に過ごせるように配慮しましょう。

安静第一で

病気だからといって、やたらと気にかけたり触ったりするとデグーがストレスを感じてしまいます。病気になったら、まずは安静第一なので、デグーがしっかり休めるように様子を伺いながら、なるべくそっとしておいてください。甘えん坊の個体には、時々軽く撫でたり声をかけたりするのもいいでしょう。

強制給餌のやり方

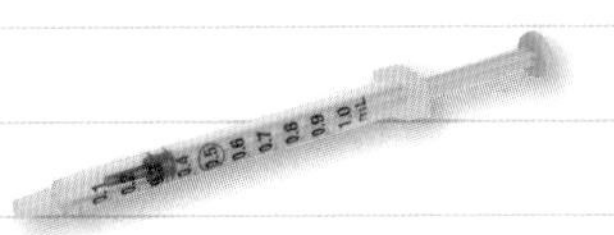

病気になり、自らフードを食べなくなった場合は、飼い主が強制給餌をする方法があります。まずウサギ用の流動食やペレットを水でふやかしたもの、シリンジを用意します。デグーが動かないようにハンドタオルなどで優しく包み、シリンジで流動食を与えます。どうしても強制給餌することが難しい場合は、獣医師に相談しましょう。

薬の与え方

薬は少量のペレットに染み込ませたり、水や野菜ジュースに混ぜたりして与えます。しかし、一般的にデグーは、薬を飲むことを嫌がります。デグーがどうしても薬を拒絶してしまう場合は動物病院に相談しましょう。飲み薬ではなく、注射に変えてもらえることがあります。

また、薬を規定量以上に飲ませたり、途中でやめてしまったりせずに、獣医師の指示に従いましょう。

第2章／病気編
デグーが
かかりやすい病気

デグーは具合が悪くても、自分からそのことを飼い主に知らせることはできません。また、もともと病気やケガを隠す性質も持ち合わせています。気づいた時には手遅れという事態にならないように日々、様子をよく観察しましょう。そして、いつもと様子が違う場合には動物病院で獣医師に診てもらいましょう。

本書の「治療」の項目は、あくまで病院や医療機関での基本的な処置の知識としての情報をまとめたものであり、飼い主自身が行うことを前提や推奨、また指示するものではありません。

症状からわかる病気のサイン 早見表

	症状	疑いのある病気
目	水晶体が白く濁っている	白内障 >>>P26 糖尿病 >>>P58
目	赤く腫れた目をしている 目ヤニや涙がよく出る 目を痛がる	結膜炎・角膜炎 >>>P28 角膜潰瘍 >>>P30 緑内障 >>>P32
耳	耳だれが出ている	外耳炎 >>>P36
耳	耳介の一部が腫れている	耳介の腫瘍 >>>P38
耳	耳をかゆがる 耳の後ろの毛が抜けている 頭をさかんに振る	外耳炎 >>>P36
口・鼻	前うまく食べ物を食べることができなくなる	不正咬合 >>>P40
口・鼻	呼吸時に異音がする	仮性歯牙腫 >>>P42 鼻炎 >>>P76 肺炎 >>>P78
口・鼻	口の中の特定の部分が赤く腫れている 歯ぐきの腫れや歯ぐきからの出血が見られる	口内炎 >>>P44 歯周病 >>>P46
口・鼻	鼻水や目やにが出ている	口腔内腫瘍 >>>P50
皮膚	皮膚の部位が赤くなる	細菌性皮膚炎 >>>P52
皮膚	顔や耳、四肢、お腹、背中などに脱毛が見られる	皮膚真菌症 >>>P54
皮膚	足の肉球が赤く腫れている	足底皮膚炎（ソアホック） >>>P56

	症状	疑いのある病気
皮膚	皮膚に傷がある	ケガによる傷、引っ掻き傷・噛み傷 »»P96 自咬症 »»P108
内分泌・循環器・消化器・泌尿器系	尿の量が増える	糖尿病 »»P58 腎臓病 »»P88
	舌が紫色になる	心臓病 »»P60
	皮膚や白目が黄色くなる	肝臓病 »»P72
	腸の一部が肛門から飛び出ている	脱腸 »»P74
呼吸器系	鼻水が出ている	鼻炎 »»P76 肺炎 »»P78 鼻腔内腫瘍 »»P82
	呼吸をするときに音がする	気管支炎 »»P80
おしっこ	出す時に鳴き声をあげる	膀胱炎 »»P84 尿路結石 »»P86
	いつもより臭い	糖尿病 »»P58 腎臓病 »»P88
うんち	水っぽい	下痢・軟便 »»P62 腸閉塞 »»P68 誤飲・誤食 »»P98
	水分が少ない、うんちが出なくなる	腸閉塞 »»P68 便秘 »»P70
生殖器系	下腹部のふくれや 陰部からおりものが出る	子宮蓄膿症 »»P90
	陰部から出血している	子宮腫瘍 »»P92

	症状	疑いのある病気	
体の動きや様子	耳を掻く行動が増える	中耳炎・内耳炎	>>>>P34
	顔をよく掻く	不正咬合 歯根膿瘍	>>>>P40 >>>>P48
	足を引きずる	足底皮膚炎（ソアホック）	>>>>P56
	うずくまっている	食滞	>>>>P64
	腹部がふくらんでいる、張っている	食滞 鼓腸症 便秘	>>>>P64 >>>>P66 >>>>P70
	呼吸がつらそう	鼓腸症 腸閉塞 熱中症	>>>>P66 >>>>P68 >>>>P102
	陰茎が体外に出ている	陰茎（ペニス）脱	>>>>P94
	じっとして動かなくなる	捻挫・脱臼・骨折	>>>>P106
	しっぽの皮膚がむけている	尾抜け	>>>>P100
	しっぽが途中で切れている	尾切れ	>>>>P100
	体重が減っている	心臓病 鼓腸症 腸閉塞 肝臓病 子宮腫瘍	>>>>P60 >>>>P66 >>>>P68 >>>>P72 >>>>P92
	頭を傾けて歩く	中耳炎・内耳炎	>>>>P34
	よだれが増えて 口の周りが常に濡れている	不正咬合 口内炎 口腔内腫瘍 熱中症	>>>>P40 >>>>P44 >>>>P50 >>>>P102

各部位および器官・臓器系統のイメージ

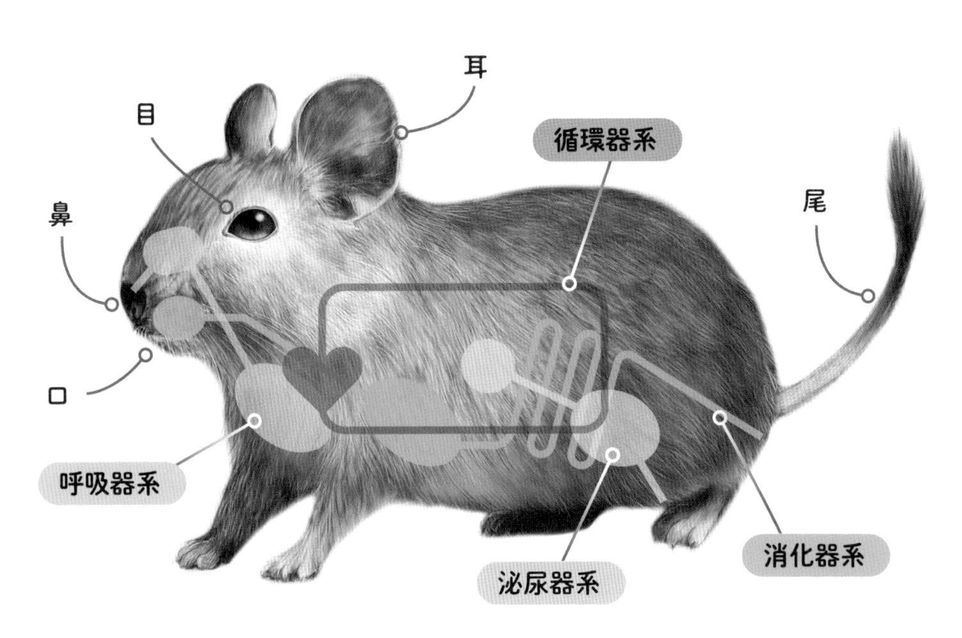

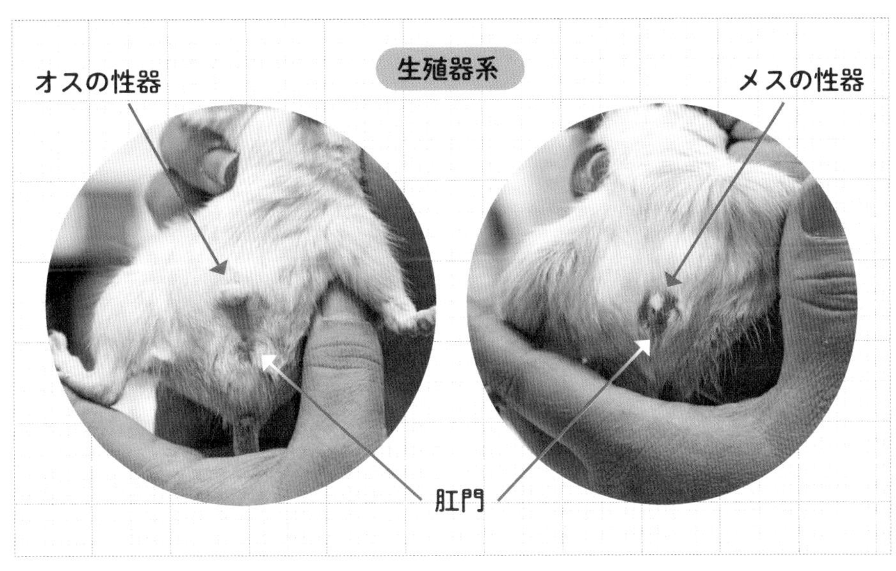

白内障（はくないしょう）

加齢性、遺伝性（先天性）、糖尿病性、外傷性（ケガ）などがあります。
最も多いのが加齢性（老化）です。

【症状】

黒目が白く濁ってきたら白内障のサイン

- 水晶体が白く濁っている
- 視力が低下して物によくぶつかる
- 光に対して過敏に反応する

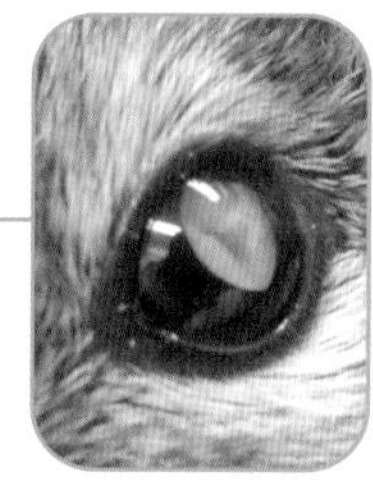

Check!

白内障かどうかを確認するには部屋を暗くする

デグーが白内障かどうかを確認する方法として、明るい部屋では、瞳孔が収縮するため、白内障の症状が見えにくくなります。そのため、部屋を暗くするか、暗い場所に移動させましょう。暗い部屋では、瞳孔が開き、水晶体全体がよく観察できるようになります。

【原因】

遺伝性や糖尿病性もあるが、その多くは加齢性

白内障のほとんどが老化によるもの。発症する個体は、早ければ2歳頃から、平均して4歳頃から発症するケースが多いとされています。なお、栄養不足や紫外線、アトピー性皮膚炎などでの目の痒みによる掻きむしりによって、角膜を傷つけることで発症することもあります。

【対策】

生活がしやすいように飼育環境を整えよう

白内障になったとしても、もともと優れた嗅覚や聴覚を持っているため、生活にはさほど支障はきたしませんし、寿命にも直接影響はありません。なにより大切なことは、デグーの飼育環境を調整して、視力が低下しても安全に行動できるようにしましょう。例えば、障害物やおもちゃを取り除いたり、段差をなくしたり、滑りにくい床材を使用したりすることで、デグーが衝突やケガを避けられるようにします。また、水や餌は、いつも同じ場所に置くなど配慮してあげましょう。

Point

- ケージ内部の障害物やおもちゃを取り除こう
- ケージ内部の高低差をなくそう
- 水やフードは、いつも同じ場所に置こう

【治療】

ケガが原因の場合は、まずは炎症を抑えることが大切

白内障治療は、初期的な症状であれば点眼薬を使用することもありますが、白内障を完治させる効果は期待できません。ただし、病気の進行を遅らせたり、水晶体の濁りを軽減したり、炎症を抑えるといった効果は見込めます。しかし、一度白濁した水晶体は元に戻らないことが多いです。したがって、加齢性や遺伝性のものであれば、生活しやすい環境を整えてあげることが大切です。ケガ(外傷性)が原因の場合は、まずは炎症を抑えることが大切で、点眼薬を使用します。

ただし、糖尿病性のものであれば糖尿病に対しての、生活環境の改善はもとより、投薬治療が必要となることがあります。(詳しくはP58参照)

Point

- 原因が加齢性や遺伝性の場合は治療法はない
- ケガが原因の場合は炎症や感染を抑える
- 糖尿病性であればそれに対しての投薬治療が必要となることがある

結膜炎(けつまくえん)・角膜炎(かくまくえん)

目を開けているのがつらく、
目を気にしているようなら病気かもしれません。

【症状】

結膜炎や角膜炎は早期に治療すれば通常は軽度で済むことが多い

- 赤く腫(は)れた目をしている
- 目ヤニや涙がよく出る
- 目を気にして掻(か)く

Check!

デグーのしぐさをよく観察しよう。早期発見が大事

結膜に炎症が起きていれば結膜炎、角膜に炎症が起きていれば角膜炎。

気をつけて観察していれば、異様な行為に気づくでしょう。早期に発見できれば適切な治療が受けられます。

【原因】

アレルギーや感染、目を傷つけることで起こる

掃除をしないままでいると、そこに食べ物のカスやホコリ、花粉、繊維などが空気中に舞ってデグーの目に入ることでアレルギー反応で炎症を起こしたり、細菌や真菌などの病原体が目に感染して起こります。時には、目をこすったり掻いたり、毛づくろいをしているなかで目を傷つけることもあります。

【対策】

悪化することが多いので早めに獣医師に見せよう

病気が発症する多くは、ケージ内の衛生環境にあります。掃除はこまめにして、発生の原因となる不衛生な状態を改善しましょう。また、治療している間は、砂が目に入りやすい砂浴びは中止しましょう。

なお、床材が原因となる場合もあります。床材にはさまざまな素材がありますが、粉塵が多く出たり、スギやヒノキなど香りの強いもの、生えたカビなどから発生する菌が目に炎症を起こす場合があります。そうしたアレルギー物質の発生源として床材が疑わしい場合には、ただちに使用している床材を取り除きましょう。

結膜炎、角膜炎は悪化することが多いので早めに獣医師に見せましょう。早期発見、早期治療が大事です。

Point

- 早期に病院に連れて行こう。
- ケージは毎日掃除して清潔を保とう。
- 床材が原因の場合もあるので注意しよう

【治療】

治療の基本は点眼薬

治療には抗菌薬や抗炎症薬などの点眼薬を使用する必要があります。点眼薬をさす前に、目の周りの洗浄を行うことで、点眼薬の効き目が高まります。

目の周りの洗浄方法としては、①清潔なティッシュやガーゼをぬるま湯で濡らし、②目を閉じたデグーの目の周りのよごれを優しくふき取ります。そして、目の周りが乾いたら、③清潔な綿棒を使って、目頭から目尻に向かって、目ヤニを優しくふき取ります。

なお、目の周りを洗浄する際は、①点眼薬をさす前に、必ず手を洗う、②強くこすらないといった点に注意してください。

Point

- 抗菌薬や抗炎症薬などの点眼薬で治療
- 点眼薬を差す前に目の洗浄をしよう
- 点眼薬がデグーの目にしっかり差せるように工夫をしよう

角膜潰瘍（かくまくかいよう）

角膜炎が進行したり、外傷によって角膜潰瘍になることがあります。また、まぶしそうにしたり、目の周りに膿（うみ）や分泌物が見られたりすることがあれば危険信号です。

【症状】

目の周りに膿（うみ）や分泌物が見られる場合は角膜炎の疑いあり

- 目を痛がる
- 目の周りに膿や分泌物が見られる
- まぶしそうに目をしょぼしょぼする

Check!

デグーのしぐさをよく観察しよう。早期発見が大事

気をつけて観察していれば、異様な行為に気づくでしょう。早期に発見できれば適切な治療が受けられます。なお、角膜潰瘍の原因の一つに角膜炎がありますが、必ずしも角膜潰瘍は角膜炎の進行で起こるとは限りません。

【原因】

ケガや病原体の感染が原因となることが多い

角膜潰瘍を起こす原因には、①デグーが目に物体をぶつけたり、傷つけたりする、②角膜に細菌、真菌などの病原体が感染、③過度に乾燥した生活環境によって角膜が乾燥して傷つきやすくなるといったことがあります。また、そのほかには④先天的に眼の異常を持って生まれる場合もあります。

【対策】
飼育環境を整えよう

飼育環境の整え方としては、デグーが生活する部屋の中の温度は20～25℃程度、湿度は50～60%程度を保つこと。決して過度に乾燥させないことが大事です。また、ケージ内には目を傷つけるような突起物がないか、目を傷つける恐れのある物は撤去するなど、危険物の管理に気を配りましょう。さらに、食餌による栄養バランスも大事です。バランスの取れた食餌を提供し、ビタミンやミネラルを適切に摂取させましょう。健康でいれば免疫系が強化され、感染症から守り、角膜潰瘍の予防に役立ちます。

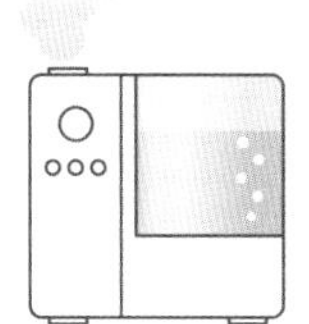

Point
- 飼育する部屋は適切な温度・湿度を保とう
- 目を傷つける恐れのある物は撤去しよう
- 適切な食餌と栄養管理をしよう

【治療】
基本は点眼薬や目軟膏。上手に施(ほどこ)すにはコツも必要

抗菌薬や抗炎症薬といった点眼薬や目軟膏を使います。その目がすでに機能を失っているか、角膜が穿孔(せんこう)※したりして、その目が存在することが著しく苦痛を引き起こしている場合や、眼球内に感染症が広がったりするリスクがある場合には、眼球摘出手術が行われることがあります。

なお、飼い主は、治療中の点眼薬や目軟膏は１日複数回(重症度によって違う)の投与が必要になります。また、目を掻いたりしないように装着したエリザベスカラーが外れたりしないように気を配ったり、ホコリが目に入らないように生活環境を清潔に整えたりすることが大切です。

※穿孔：穴が開くこと。

Point
- 抗菌薬や抗炎症薬などの点眼薬・目軟膏で治療
- 点眼薬をさす前に目の洗浄をしよう
- 点眼薬がデグーの目にしっかり差せるように工夫をしよう

緑内障（りょくないしょう）

緑内障は、眼圧が上昇することで視神経が損傷し、
進行すると失明につながる重篤な病気です。

【症状】

無自覚な症状であっても要注意

- 目を痛がる
- 目の周りに膿や分泌物が見られる

Check!

自覚症状と無自覚症状がある

眼圧が上昇することで目を痛がり、そのために食欲も低下します。ただし、必ずしも痛さが伴う病気ではありません。眼圧の上昇が緩やかである場合には、痛さを感じずに無自覚な症状の場合もあります。しかし、進行すると失明につながります。

【原因】

目の病気や外傷、老化などが主な原因

前項で紹介した角膜潰瘍は、治療せずに放置すると、角膜穿孔や緑内障などの重い合併症を引き起こすことがあります。また、事故やケンカなどによる眼の外傷が原因であったり、デグーの老化に伴って緑内障が発生することもあります。

【対策】

清潔な環境とバランスの取れた食餌が大事

デグーには適切な栄養が必要です。バランスの取れた食餌を提供し、特にビタミンAやCなどの目の健康を維持する栄養素を含む食品を与えましょう。また、生活環境となるケージ内を清潔に保ち、ホコリや異物が目に入ることのないように気をつけましょう。さらに、可能な限り目の外傷を予防することも大切です。鋭利な物体や他のデグーとのケンカが起きないように注意しましょう。ケンカしがちな個体同士は引き離すことも必要です。なお、デグーの定期的な健康診断を行い、目の異常を早期に発見できるようにしましょう。

Point

- バランスの取れた食餌の提供
- ケージ内を清潔に保つ
- 可能な限り目の外傷を予防する

【治療】

失われた視力は元に戻らない

緑内障は完治が難しい病気です。失われた視力は元に戻りません。したがって進行を止める治療に重点が置かれます。そのため、眼圧を下げる点眼薬で治療を施します。角膜穿孔などの合併症を伴った場合には眼球の摘出を行うことがあります。

Point

- 進行を止める治療に重点が置かれる
- 眼圧を下げる点眼薬で治療を施す
- 目の摘出手術が行われることがある

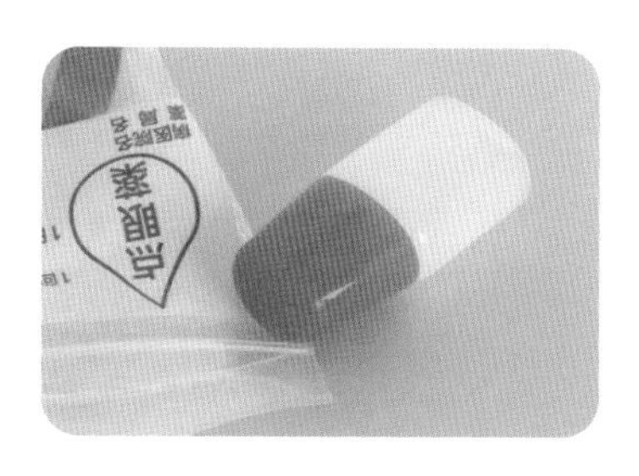

中耳炎・内耳炎

頭を傾けてふらふらと歩いていたり、耳をしきりに掻いていたら、
その原因は耳の病気かもしれません。

【症状】

三半規管への影響で平衡感覚がなくなる

- 耳を掻く行動が増える
- 頭を傾けて歩く
- 耳アカが溜まって悪臭がする
- くるくる弧を描くように回る

Check!

重症化すると命に関わる

中耳炎は、中耳と呼ばれる鼓膜と耳管の間の炎症で、内耳炎は、内耳と呼ばれる平衡感覚を司る器官の炎症のことを言います。内耳に炎症が起こり三半規管の機能に影響すると平衡感覚が失われ、デグーはくるくる弧を描くように回るようになります。重症化すると食餌が食べられなくなったりして命に関わるので注意しましょう。

【原因】

内耳炎は中耳炎から、中耳炎は外耳炎からの二次感染の場合も

耳の中に炎症が起きて発症する病気です。原因は、細菌や真菌などが中耳や内耳に侵入して感染症を引き起こすことが最も一般的です。また、内耳炎は、中耳炎から二次感染によって、中耳炎は外耳炎（P36）からの二次感染によって発症する場合もあります。

【対策】

中耳炎にかかっている場合は砂浴びは控える

細菌や真菌などの感染が主な原因となりますので、デグーの環境を清潔に保ってあげることが大切です。また、適切な温度・湿度管理や快適な環境を与えることでデグーをストレスから守ってあげることや、仲間とケンカをするなどして耳にケガを負わないようにしてあげることが予防対策の第一歩です。なお、中耳炎にかかっている場合は砂浴びは控えましょう。内耳炎の場合は獣医師の判断によります。

- 清潔な環境を保つ
- ストレスのない環境づくり
- 中耳炎にかかっている場合は砂浴びは控える

【治療】

原因によって使用される薬が異なる

原因によって異なりますが、細菌感染症の場合は抗生物質、真菌感染症の場合は抗真菌薬が処方されます。また、症状に合わせて、痛み止めや抗炎症薬などが処方されることもあります。

Point

- 細菌感染症の場合は抗生物質
- 真菌感染症の場合は抗真菌薬

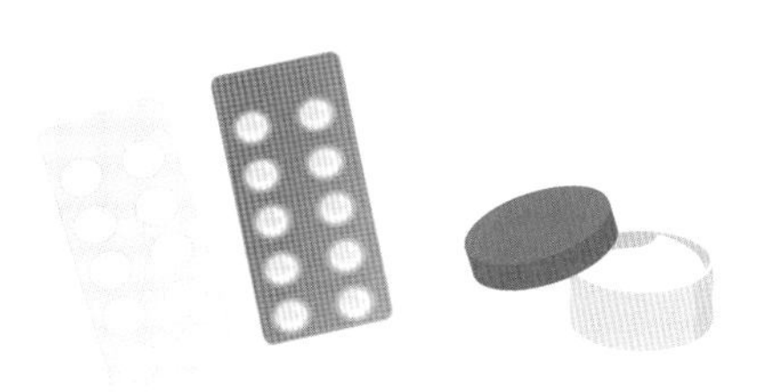

外耳炎（がいじえん）

デグーが耳を頻繁に掻いたり、頭を振ったりしていたら、
外耳炎を疑ってみる必要があります。

【症状】

かゆくて頻繁に耳を掻く

- 頻繁に耳を掻く
- 耳だれが出ている
- 頻繁に頭を振っている

Check!

進行すると食欲がなくなる

外耳炎は、耳の穴（外耳道）の炎症です。症状としては、耳のかゆみ、耳の痛み、耳の赤み、耳だれ、耳から臭いなどが発生します。デグーが耳を頻繁に掻いたり、頭を振ったりしていたら外耳炎を疑ってみる必要があります。進行するとかゆみや痛みのために食欲が低下し、痩せてきます。

【原因】

外耳道が傷つくことでも発症する

細デグーは、耳の穴が小さく、中も毛深いため、耳アカが溜まりやすい特徴があります。そのため、耳に違和感を感じて耳を掻いた際に自らの爪で外耳道を傷つけたり、他のデグーとのケンカで外耳道が傷ついたりして、その傷口に細菌などが入り込んで感染し、外耳炎になるケースが多いと考えられています。

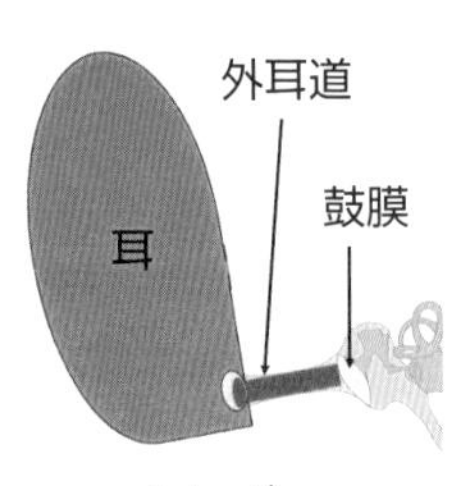

イメージ

【対策】

細菌に感染させない生活環境づくりが大事

デグーの健全な生活環境を維持するためには、適切な温度・湿度管理を必要とします。過度に乾燥した環境は外耳炎のリスクを高めます。そのうえで、生活環境を清潔に保つことが予防に役立ちます。ケージの掃除や床材の定期的な交換を行い、細菌の発生を防ぎましょう。また、バランスの取れた食餌を提供することや、生活環境でストレスを感じることがないようにして、免疫力を維持して感染症に対する耐性を下げないとも大切です。さらに、デグーが自ら、あるいは、ケンカや障害物などによって耳を傷つけないように注意しましょう。溜まりやすい耳アカの除去については、素人では難しいため、獣医師に依頼することがおススメです。

Point

- 適切な温度・湿度管理をしよう
- 生活環境を清潔に保って細菌の発生を防ごう
- 耳アカの除去は、獣医師に依頼しよう

【治療】

耳の中や耳周辺に抗生物質や点耳薬などを塗布・投与する

外耳道を清潔にするため、耳の洗浄や耳アカの除去を行います。また、炎症を抑えたり、細菌の繁殖を抑制したりするために抗生物質や点耳薬などを症状に合わせて耳の中や耳周辺に塗布・投与します。

Point

- 耳の洗浄や耳アカの除去を行う
- 症状に合わせて耳の中や耳周辺に抗生物質や点耳薬などを塗布・投与する

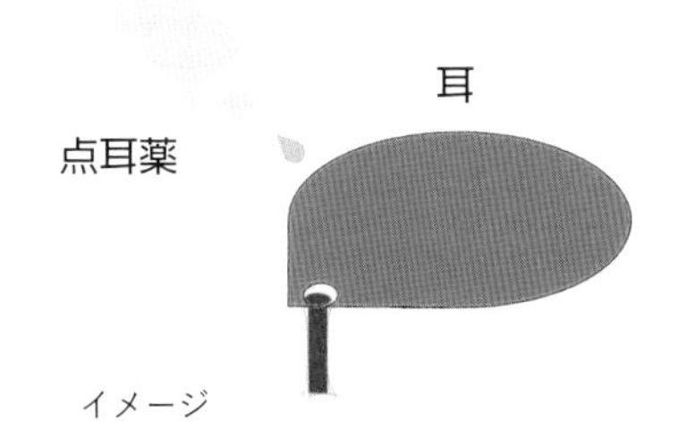

イメージ

耳介（じかい）の腫瘍（しゅよう）

高齢のデグーがかかりやすい。日頃から直射日光や殺虫剤などの化学物質にさらされることのないように注意しましょう。

【症状】

耳介にできものができたり出血したりする

- 耳介の一部が腫れる
- 耳介からの出血
- 頭をよく振る

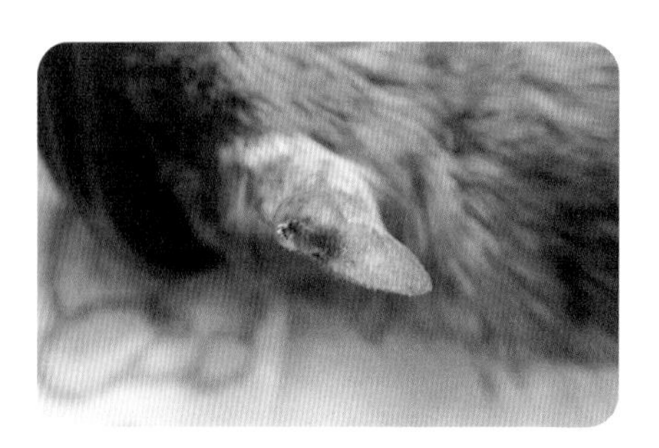

Check!

耳介を頻繁に掻く行為が見られたら要注意

行動の変化が見られることが多いです。耳介を頻繁に掻くことのほかに、耳介にできた腫瘍による痛みや不快感からケージの隅でうずくまっていたり、人に近づかなくなったり、攻撃的になることもあります。

【原因】

高齢のデグーに見られる

中高齢のデグーに多く見られる傾向があります。原因は完全には解明されていませんが、いくつかの要因が考えられています。それは、体内ホルモンの影響や直射日光の紫外線、何らかの化学物質にさらされることであったり、それらの要因がなくても遺伝的な要因もことも考えられます。

【対策】

紫外線や化学物質に注意

紫外線は、耳介に腫瘍の発症リスクを高める可能性があります。デグーを直射日光から守るために、ケージを日陰に置いたり、紫外線カット効果のあるカーテンを使用したりしましょう。また、化学物質に接触させないために、殺虫剤や洗剤などの化学物質をケージの近くやケージから離れていても室内散歩や遊ばせる場所に置かないようにしましょう。さらに、デグーを定期的に獣医師に診察してもらうことで、耳介の腫瘍の早期発見・早期治療につながります。

Point

- 直射日光から守る
- 化学物質に接触させない
- 定期的な獣医師による診察

【治療】

腫瘍の状態や年齢、健康状態などを考慮して選択

治療法には、一般的に①腫瘍を切除する外科手術、②放射線を照射して腫瘍細胞を減少させる放射線治療、③抗癌剤を投与して、腫瘍細胞の増殖を抑制する化学療法の３種類あります。

①は最も一般的な治療法です。腫瘍の大きさや場所によっては、麻酔のリスクや術後の合併症のリスクがあります。②③は小動物のデグーでは一般的ではありません。

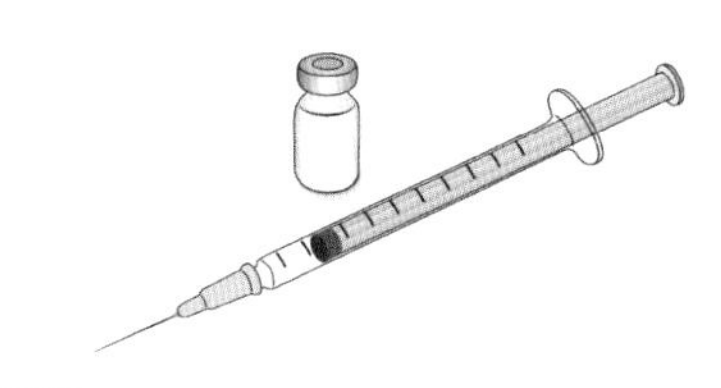

Point

- 治療法には外科手術が中心となる
- 外科手術の選択は、腫瘍の種類、大きさ、場所、年齢や健康状態などを考慮して行われる
- 栄養価の高いフードを与えよう

不正咬合

歯の噛み合わせが悪くなる状態のことで、ケージの金網をかじったり
高い場所から落ちて顔をぶつけたりすることで起こりやすい病気です。

【症状】

歯の伸びすぎ、噛み合わせに問題

- うまく食べ物を食べることができなくなる
- 口の周りがよだれで汚れている
- 偏食をするようになる

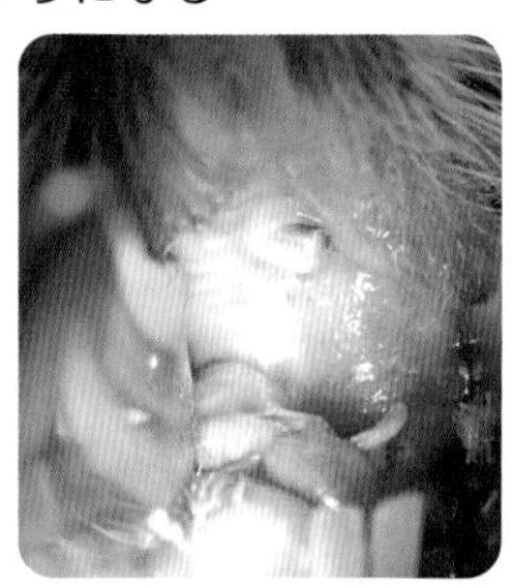

Check!

口の周りがよだれで汚れていたり偏食をする

デグーの歯は、前歯の切歯と、奥にある臼歯が２本づつあります。その歯は絶えず伸び続けていきます。うまく食べ物を食べることができなくなり、口の周りがよだれで汚れていたり偏食をするようになったら要注意です。

【原因】

やわらかいフードの与えすぎや歯研ぎの機会不足

デグーは硬い食べ物を噛むことで歯を研ぎ、正しい長さに保つ必要があります。やわらかいフードの与えすぎや歯研ぎの機会が不足すると不正咬合の原因となります。また、落下事故や仲間同士のケンカなどによって歯が損傷することや、歯ぐきに感染症や炎症が発生した場合、それが不正咬合を引き起こす可能性があります。

前歯（切歯）の不正咬合のイメージ

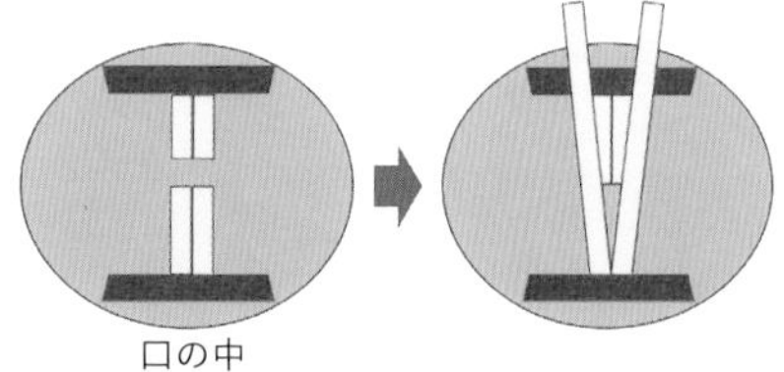

【対策】

おやつや穀物の与えすぎに注意

予防対策としては、毎日の食餌が大事。主食はチモシーなどの牧草を与えます。牧草を食べることで、歯が自然に削れていく効果があります。また、おやつや穀物の与えすぎに注意しましょう。それらは高カロリーで高糖質のため与えすぎると、肥満や糖尿病などの原因となるだけでなく、不正咬合のリスクも高くなります。また、適切な温度・湿度を提供し、十分な広さのケージを用意してあげたり、運動の機会を与えたりして、ストレスが溜まることのないように配慮することが大切です。ケージには、回し車や登り木、かじり木などを設置してあげましょう。

おやつの与えすぎに注意！

Point

- 主食はチモシーなどの牧草
- おやつや穀物の与えすぎに注意
- ストレスが溜まることのないように配慮する

【治療】

正常な長さにするため歯のトリミングや削り取りを行う

歯の長さや対合を正常にするため歯のトリミングや削り取りを行います。そしてその後も、獣医師がデグーの歯の成長を定期的に監視し、必要に応じて歯のトリミングを行います。

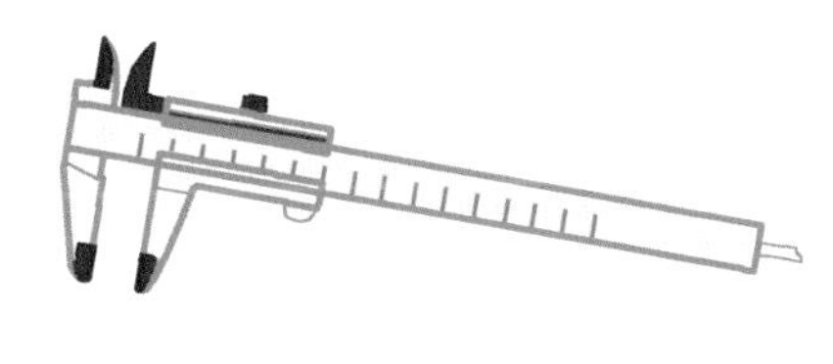

Point

- 歯のトリミングや削り取りを行う
- その後も必要に応じて歯のトリミングを行う

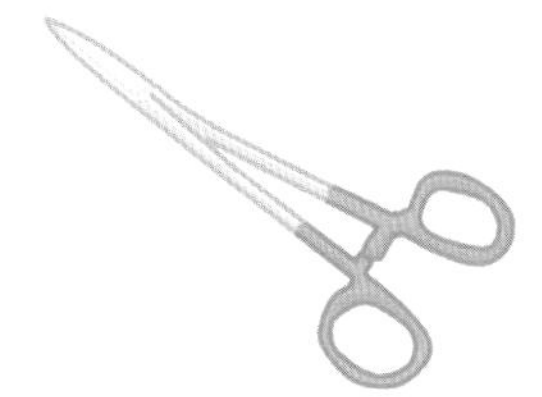

口の病気

仮性歯牙腫（かせいしがしゅ）

くしゃみや鼻水が出て、呼吸時に異音がしたり、口呼吸をするようになってお腹にガスが溜まったりします。呼吸がしづらく苦しそうです。

【症状】

呼吸時に異音がしたり口呼吸をする

- くしゃみを頻繁にする
- 呼吸時に異音がする
- 口呼吸をするようになる

Check!

重度の場合は呼吸困難や眼球脱出などの命に関わることも

上顎の前歯（切歯）と奥歯（臼歯）のどちらか一方または両方に発生する歯の病気です。鼻腔内に歯根が伸びてくるため、鼻炎や鼻出血、くしゃみなどの症状が現れます。さらに、歯根が眼窩（がんか）※にまで拡張すると、眼球突出や流涙などの症状が現れます。食欲不振で痩せていき、活動の低下などにつながり、重度の場合は、呼吸困難や眼球脱出などの命に関わる症状を引き起こすこともあります。

※眼窩：眼球の入っている、頭蓋骨の深い大きなくぼみのこと。

【原因】

歯の破折に要注意

デグーは歯が伸び続ける動物なので、切歯や臼歯の歯根（歯の根元）に常に新しい組織が生成されます。ところが、切歯が折れたり強い衝撃を受けたりすると歯根部にできた新しい歯が上手く伸びることできずに、硬いコブのようになります。このコブができると鼻まわりの気道が圧迫され、鼻炎や呼吸困難を引き起こします。

【対策】

歯研ぎの機会を提供することが予防につながる

デグーには日頃から適切な食餌を提供することが大切です。チモシーやオーチャードグラスなどの硬い食べ物(牧草)やリンゴの枝、かじり木などのおもちゃなどを与えることで、自然と歯研ぎの機会を提供します。また、歯の破折を予防することも大切です。飼育環境を安全に保ち、鋭利な物体や他のデグーとのケンカを防ぐなど、可能な限り歯に外傷を与えるリスクを減らします。さらに、早期発見が重要なため、獣医師に定期的な歯のチェックをしてもらいましょう。

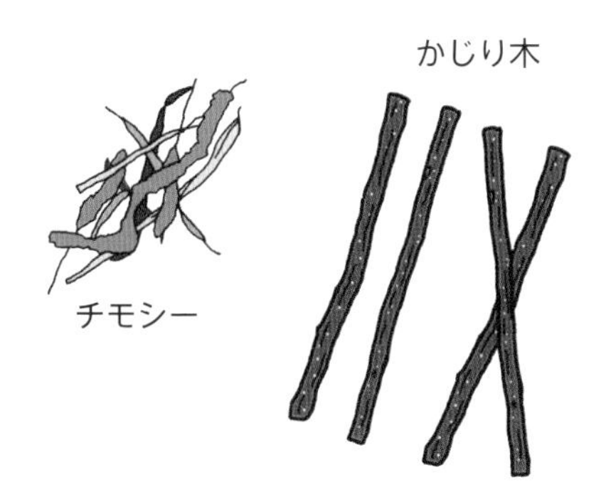

Point

- 食餌や遊びを通して歯研ぎの機会を提供する
- 歯の破折を防ぐ
- 定期的な歯の検診が大事

治療前に、獣医師と十分に相談しよう

動物病院で患部が切歯の根元であれば、切歯を抜歯もしくは削ってもらうなど、適切な処置を受けましょう。

なお、仮性歯牙腫の治療はデグーや飼い主に大きな負担となる場合があります。治療前に、獣医師と十分に相談し、そのリスクとメリットをよく理解した上で治療の判断をすることが大切です。

Point

- 切歯の根元であれば、切歯の抜歯もしくは切削
- 飼い主はリスクとメリットをよく理解した上で治療の判断をする

口内炎（こうないえん）

食欲がなくなったり、食餌の量が減ってきたら、
まずはこの病気を疑いましょう。

【症状】

食欲不振で口の周りが常に唾液で汚れていれば口内炎のサイン

・口の中の特定の部分が
赤く腫れている
・よだれが増えて
口の周りが常に濡れている
・食べ物を避ける傾向や食欲不振

Check!

**口に中に白い斑点や
潰瘍（かいよう）が確認できたら
口内炎の可能性大！**

口内炎を発症すると、フードを食べる時に痛がったり、口を閉じたがらなかったりする行為も見られます。さらに、顔が腫れていたり、口の中に白い斑点や潰瘍が確認できることもあります。そのような症状が出ていたら、ただちに獣医師に診てもらいましょう。

【原因】

ビタミンやミネラル不足によっても口内炎が発症する

一般的には、細菌、真菌による口内感染が原因で口内の粘膜が炎症を起こします。また、歯が伸びすぎて口内を傷つけたり、生活環境の中で何らかのストレスが口内炎を引き起こす原因になることもあります。さらに、ビタミンやミネラル不足によってもデグーの口内組織が健康を損ね、口内炎が発症することがあります。

【対策】

デグーの口内を清潔に保つことも大切

毎日与えるフードや水は新鮮であることが大切です。そして、それらの栄養バランスにも配慮しましょう。特にビタミンCが不足することのないように心がけることが大切です。新鮮な野菜や果物を適切に与えましょう。また、デグーの口内を清潔に保つことも口内炎を予防するために重要です。そのためには、適切なケージの清掃を行うことが必要です。また、十分なスペースや適切な環境を提供し、ストレスを起こさせないことも大切です。

Point

- 毎日フードや水は新鮮なものを
- 栄養バランスにも配慮
- デグーの口内を清潔に保つこと

原因によって異なる

口内炎の治療は、原因によって異なります。細菌感染が原因の場合は、抗生物質を投与します。また、カビ感染が原因の場合は、抗真菌薬を投与します。ビタミン不足が原因の場合は、ビタミン剤を投与します。また、不正咬合によるものであれば、問題になっている歯を削る必要があります。

Point

- 細菌感染が原因の場合は
  抗生物質を投与
- ビタミン不足が原因の場合は
  ビタミン剤を投与
- 不正咬合が原因の場合は歯を削る

歯周病

主に歯垢や歯の異常成長が原因で発症する。
毎日の食餌の与え方に注意しよう。

【症状】

歯ぐきの腫れや出血には要注意

- 歯ぐきの腫れや歯ぐきからの出血
- 強い口臭
- 食欲がなくなる

放置しておくとさまざまな合併症を引き起こす危険性がある

歯の根は深く、目の近くまであります。そのため歯周病を放置した場合、歯がグラグラしたり抜けたりすると、歯の根の先端にある歯根尖孔が開き、そこから細菌が血液に入り込むことがあります。これらの細菌が内耳に到達すると、内耳炎を引き起こす可能性があります。

また、心臓病や腎臓病などの全身性の病気を引き起こす可能性もあります。

歯ぐきが赤く腫れていたら要注意

主に歯垢や歯の異常成長が原因で発症する病気です。歯垢は、細菌や食べかすなどが混ざり合って歯の表面に付着するネバネバしたものです。歯垢が溜まると、歯茎に炎症が起こり、歯周病へと進行します。また、不適切な食餌も原因となります。また、不適切な食餌には、栄養もさることながら柔らかい食べ物の与えすぎで歯が擦り減らず、異常成長による歯ぐきの損傷や、ナッツ類や種子類などの硬いフードや尖った形状のもので歯ぐきを傷つけるようなフードを避けることも大切です。

【対策】

食餌の与え方に注意することが大切

食餌は、歯の伸びを適度に抑えるためにもチモシーを基本の食材として与えていくことが大切です。また、歯垢が溜まりやすいバナナや蒸かしたサツマイモなどのおやつはなるべく控えましょう。

口内を健康に保つためには、栄養バランスの取れた食餌はもとより、ストレスの管理も大切です。そのためには、ケージ内を清潔に保ち、静かな環境を提供し、さらに適切な刺激と適度な運動を維持できるような生活環境をつくりましょう。

Point

- 歯垢が溜まりやすい食べ物は控える
- 栄養バランスの取れた食餌
- ストレスの管理

【治療】

歯のクリーニングと歯垢の除去

歯周病の初期段階であれば、歯のクリーニングと歯垢の除去が行われます。これにより炎症や感染を軽減し、歯周組織の健康を回復させます。歯周病が進行している場合は、感染を抑えて炎症を軽減するために抗生物質を処方します。

Point

- 初期段階であれば
  歯のクリーニングと歯垢の除去
- 進行している場合は抗生物質を処方

歯根膿瘍（しこんのうよう）

膿が溜まって頬が腫れていませんか?
早期の発見と治療が大切。

膿が溜まることで頬が腫れる

- 顔をよく掻く
- 口臭が強くなったりする
- 食べこぼしが増える

Check!

顔を壁や床に擦りつける行動が見られることもある

口の中で膿が歯ぐきに溜まり始めると、顔をよく掻く行動が見られます。これは、腫れてきた顔の部分に違和感を感じたり、かゆがるためです。また、口の中の痛みによって、うまく食べられなくなり、食べこぼしが増えることがあります。さらに、その痛みを気にして顔を壁や床に擦りつける行動が見られることもあります。

歯根部に細菌が侵入して発症する

デグーが歯根膿瘍にかかる原因はさまざまですが、主に何らかの事故で歯が折れたり、歯の不適切な摩耗や歯の異常な成長によって歯ぐきが傷つけられると、そこから細菌が侵入して発症することがあります。また、不正咬合や歯肉炎、歯周病などの歯と歯茎の病気があると、そこから細菌感染することがあります。

歯根部に細菌が侵入

【対策】

バランスの良い食餌とストレスの低減

デグーが栄養失調になったり、口内の清潔さが保たれなかったりすると、歯の健康に影響を及ぼす可能性があります。したがって、デグーに必要な栄養素をバランスよく与えましょう。また、デグーが清潔な環境にいられるようにケージ内の清掃をしっかりと行い、ストレスを感じないように適度な運動の機会やおもちゃを与えたりしましょう。

Point

- バランスの良い食餌
- 清潔な環境
- ストレスを感じさせないように、運動の機会やおもちゃの提供

【治療】

膿瘍が大きい場合は外科手術

歯根膿瘍の治療法は、症状や原因によって異なりますが、主に、細菌を殺菌するために抗生物質を投与したり、感染がひどい場合は、患歯を抜歯することもあります。また、膿瘍が大きい場合は、全身麻酔をかけて切開して膿を排出して洗浄します。

Point

- 抗生物質の投与
- 感染がひどい場合は患歯を抜歯
- 膿瘍が大きい場合は穴をあけて膿を出す

口腔内腫瘍（こうくうないしゅよう）

定期的に獣医師に口腔内の状態をチェックしてもらいましょう。
早期発見・早期治療が重要。

【症状】

よだれや鼻水や目やにがふだん以上に出ていたら注意

- よだれが出ている
- 顔が歪んで見える
- 鼻水や目やにが出ている

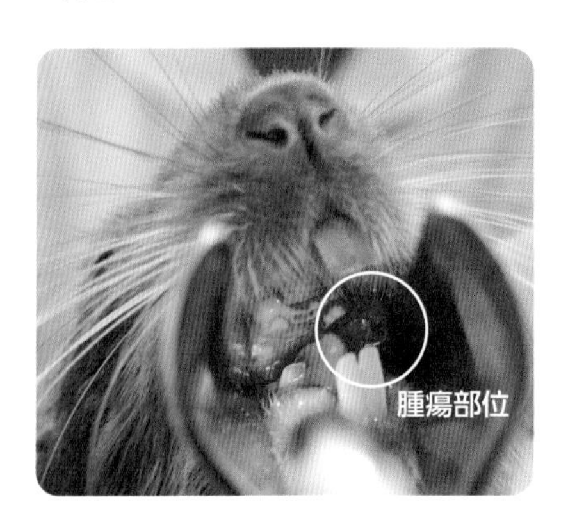

Check!

歯ぐきや頬が腫れる

腫瘍ができる部位によって症状は違ってきますが、例えば、腫瘍が歯ぐきにできると、その部分が腫れてきます。そして、歯並びや噛み合わせ(咬合)の異常が発生します。さらに、その状態で腫瘍が大きくなると、頬が腫れて顔が歪んで見えたり、腫瘍が副鼻腔におよんだ場合には、鼻水や目やにが出ます。

【原因】

口腔内の慢性的な炎症に注意

デグーの口腔内腫瘍の原因は完全には解明されていませんが、口腔内の慢性的な炎症なども腫瘍を引き起こしやすくする可能性があります。

【対策】

主に食餌に気をつけよう

デグーの口腔内腫瘍を完全に予防することはできませんが、次のことで、リスクを減らすことができます。それは、食餌では、必要な栄養素をバランスよく与えること。また、不正咬合や歯肉炎など慢性炎症によって腫瘍ができやすくなる可能性があるため、あまり硬いものを与えすぎないこと。さらに、デグーがストレスを感じないように、広いケージを用意したり、おもちゃを与えたりするなど、ストレスを溜めない環境を提供することです。

Point

- 食餌では必要な栄養素をバランスよく与える
- 硬いものを与えすぎない
- ストレスを溜めない環境を提供

【治療】

手術によって切除する

腫瘍は良性と悪性があります。可能であれば小さいうちに手術によって切除します。腫瘍が大きい場合や周囲の組織に広がっている場合は、完全な摘出は困難になります。炎症止めや痛み止めを投与することも。口の中に腫瘍が大きくなってしまった場合は流動食などを与えるようにします。

Point

- なるべく早い段階で手術によって切除
- 炎症止めや痛み止めを与える
- 大きくなってしまった場合は流動食などを与える

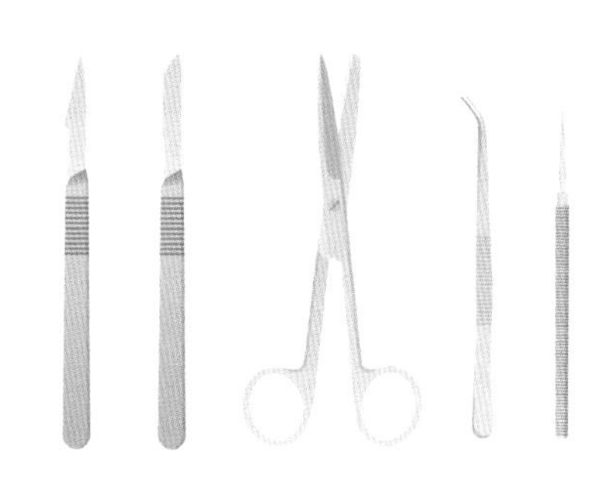

細菌性皮膚炎（さいきんせいひふえん）

部分的に脱毛や皮膚の赤み、
かゆみなどが出ていませんか？

噛んだり引っ掻いたりして症状を悪化させないように注意

- 細菌が感染した皮膚の部位が赤くなる
- ふけやかゆみがある
- 感染した部位とその周りの脱毛もしくは薄毛になる

皮膚に赤みやかさぶたができる

細菌性皮膚炎は、細菌が皮膚に感染することで起こる皮膚病です。患部は赤くなったりふけが出ることもあります。また、かゆみがある場合もあり、かゆみのあまり、デグーが噛んだり引っ掻いたりして症状を悪化させることがあるので注意しましょう。感染が進行すると、皮膚にかさぶたや膿ができることもあります。

細菌が毛穴や皮膚の傷ついた部分に侵入

デグーの生活環境が不衛生であったり、高湿度の状態が続いたりすると、ストレスによる免疫力が弱まり、毛穴に細菌が繁殖して発症の可能性を高めます。仲間同士のケンカや噛みつきによる傷つきなどにより、傷ついた部分や切り傷から細菌が侵入することで起こります。

【対策】

細菌の繁殖を防ぐため、日頃からケージ内を清潔に保つ

細菌の繁殖を防ぐため、日頃からケージ内を清潔に保つことが大切です。ケージの定期的な掃除を行い、排泄物や食べ残しを取り除きましょう。また、高湿度の状態が続くと皮膚感染症にかかりやすくなるため、適切な湿度管理も大切です。また、デグー同士のケンカが起きないように気をつけましょう。さらに、バランスの取れた食餌の提供やストレスの軽減にも配慮しましょう。

Point

- ケージ内を清潔に保つ
- 適切な湿度管理
- デグー同士のケンカが起きないように気をつける

【治療】

細菌の種類と症状に応じて適切な抗生物質を処方

動物病院で皮膚を検査し、細菌の種類を特定します。そして、細菌の種類と症状に合わせた適切な抗生物質を処方します。また、獣医師が必要と判断した場合、炎症を軽減するために抗炎症薬や軟膏が使用されることがあります。飼い主は、治療の途中で薬を中断しないように注意しましょう。

Point

- 細菌の種類を特定
- 炎症を軽減するために抗炎症薬や軟膏が使用されることがある
- 飼い主は、治療の途中で薬を中断しないように注意

皮膚真菌症（ひふしんきんしょう）

皮膚糸状菌と呼ばれる真菌が
皮膚に感染することで発症する。

【症状】

悪化してくると頻繁に患部を掻き皮膚を傷つける

- 顔や耳、四肢、お腹、背中の脱毛
- 患部の皮膚に白く細かいフケが付着している
- 皮膚にかさぶたができている

Check!

脱毛があったら注意

皮膚糸状菌が皮膚に感染すると、脱毛が起こります。それが炎症を起こすとかゆみの原因となります。かゆみは症状が軽度の場合は時々患部を掻く程度ですが、悪化してくると頻繁に患部を掻き、皮膚を傷つけてしまうこともあります。また症状が悪化してくると、細菌や真菌の繁殖や皮脂の過剰分泌などによって皮膚から悪臭が発生してきます。

【原因】

原因となる皮膚糸状菌は健康な個体にもいる

原因となる皮膚糸状菌は、デグーが生活する環境下においては、さまざまな場所に存在しています。例えば、ケージの中のいたるところ、人や他の動物(犬、猫、ウサギなど)など。それらにデグーが接触すると感染する可能性があります。感染する主な要素としては、ストレスによる免疫力の低下や栄養不足による皮膚のバリア機能の低下です。そうした状態のデグーは感染しやすくなります。

【対策】

床材やハウスなどを適宜交換するなど生活環境を清潔に保つ

皮膚糸状菌の繁殖を抑制するため、ケージを定期的に掃除し、床材やハウスなどを適宜交換するなど清潔に保ちましょう。また、他の動物も飼っていれば、その動物との接触を避けることで、デグーに皮膚糸状菌が感染する可能性を減らしましょう。さらに、デグーを土の上では遊ばせないことや、人がデグーに触る際は、その前に手洗いを徹底することも大切です。

もしデグーに皮膚の異常を発見した場合は、早めに獣医師に相談しましょう。

Point

- 床材やハウスなどを適宜交換して生活環境を清潔に保つ
- 他の動物との接触を避ける
- 人がデグーに触る際は、その前に手洗いを徹底する

【治療】

外用薬（クリーム）や内服薬で治療

一般的には、真菌の増殖を抑制して感染を治療するための抗真菌薬を使用します。これは、直接感染した部位に塗布する外用薬や内服薬となっています。治療中は、デグーが患部を掻き壊すことを防ぐためにエリザベスカラーを使用することがあります。

Point

- 外用薬や内服薬で治療を行う
- 治療中は、エリザベスカラーを使用することがある

足底皮膚炎(ソアホック)

そく てい ひ ふ えん

足に痛みや不快感をもたらす疾患で、
早期に治療が必要です。

【症状】

足を上げたり、足を引きずる

- 足の肉球が赤く腫れている
- 足を引きずる
- 動きたがらなくなる

Check!

足裏を舐めたり噛んでいたらこの病気を疑おう

デグーは、足裏に痛みやかゆみを感じ、そこを舐めたり噛むことがあり、肉球周りに掻き傷や傷ができることがあります。また、空気が乾燥していると、肉球の皮膚が乾燥し、荒れたりひび割れたりすることもあります。症状が重くなると、足裏に膿が見られることがあります。

【原因】

肥満にも注意

足底皮膚炎(ソアホック)は足裏が炎症を起こすことです。その主な原因は、生活環境にあります。特にケージの中の床が硬く不衛生な状態にあると、摩擦によって足裏の皮膚が傷ついて炎症を起こし、さらにその傷から細菌が侵入し、感染症を引き起こして症状を悪化させます。また、デグーが栄養過多で肥満(P104)になると、足裏にかかる負担が大きくなり、足底皮膚炎になるリスクが高まります。

【対策】

デグーの足裏に優しい床材を使用しよう

ケージ内には、通気性があり、硬すぎず、摩擦や圧力を軽減するようなデグーの足裏に優しい床材を使用しましょう。ケージの底が金網やプラスチック製で直に足裏に触れたり、段差があってケガをしがちな床は避けた方が無難です。また、定期的にケージを掃除し、床材の清潔を保ちましょう。汚れた床材は感染症のリスクを高めます。さらに、過体重のデグーは足裏に過度の負担をかけ、それが足底皮膚炎の原因となるため、健康的な体重を維持するように食餌の与え方に注意しましょう。

Point

- 床材を柔らかな素材にする
- ケージ内を清潔に保つ
- 肥満を予防する

【治療】

抗生物質、抗炎症薬などの薬物療法

症状の重症度と原因によって異なりますが、獣医師による一般的な治療法としては、皮膚の炎症や感染を治療して症状を緩和するために抗生物質、抗炎症薬などの薬物療法を行います。

以上のことと同時に、飼い主は、ケージの底に柔らかい素材を敷いたり、ケージ内に段差を作らない、ケージ内を清潔に保つなどといった対処法が求められます。

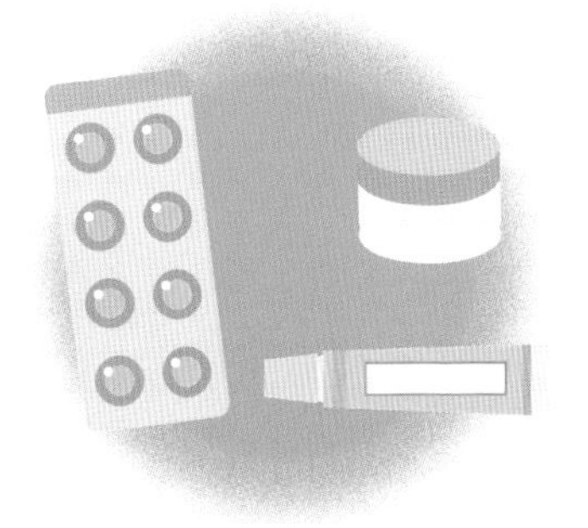

Point

- 抗生物質、抗炎症薬などの薬物療法
- 飼い主は、
  ケージの底に柔らかい素材を敷く、
  ケージ内に段差を作らない、
  ケージ内を清潔に保つ、など

糖尿病（とうにょうびょう）

糖尿病はデグーでも、若齢で発症することが多い１型糖尿病と、
肥満や高齢などが原因で発症する２型糖尿病があります。

【症状】

いつもよりも水を飲む量とおしっこの量が増えてきたら要注意！

- 水を飲む量が増える
- 尿の量が増える
- 痩せてくる

Check!

毛並みが悪くなったり、白内障を発症する

糖尿病によって、水の摂取量と尿の排出量が増えます。また、栄養不足や体の不調により、毛並みが悪くなるほか、血糖値が高い状態が続くと、白内障を発症することがあります。また、免疫力が低下し、皮膚の感染症にかかりやすくなります。さらに、倦怠感や無気力などの症状が現れて元気がなくなり、食欲不振になります。

【原因】

血液中の血糖値が高い状態が続く

血液中の血糖値が高い状態が続くと糖尿病を発症します。その原因としては、高糖分のフードを頻繁に与えていたり、日常的に栄養バランスを欠いた食餌を提供していたりすることです。また、過体重や肥満は、体内でインスリンの効果を低下させ、糖尿病のリスクを高める要因となります。さらに、運動不足やストレスなどもインスリンの制御に影響を及ぼし、糖尿病の発症リスクを高めることがあります。

【対策】

過体重や肥満にさせないように注意しよう

デグーにはバランスの取れた食餌を提供しましょう。主食はチモシーなどの牧草で、果物類やナッツ類などの高糖分なフードは、あくまでもおやつとして少量を与えるようにしましょう。また、デグーの体重を定期的にモニタリングし、過体重や肥満を防ぎましょう。さらに、適度な運動の機会を提供するとともに生活環境の中で、デグーがストレスをあまり感じないように適切な環境を与えることが大切です。

Point

- バランスの取れた食餌の提供
- 高糖分なフードは、あくまでもおやつとして少量にする
- 過体重や肥満を防ぐ

【治療】

1型と2型では治療法が異なる

糖尿病には、体内で生成されるインスリン分泌が不足する自己免疫疾患で、遺伝によって若齢で発症することが多い1型糖尿病と、肥満や高齢などが原因で、体内で生成されるインスリンの効きが悪くなって発症することが多い2型糖尿病の2種類あります。

これら２種類の糖尿病は治療法が異なります。

1型糖尿病の治療には根本的な治療法はありません。対処療法としてインスリン注射が必要となります。しかし、血糖値をコンスタントに測定できないため、コントロールが困難です。2型糖尿病の場合、バランスのとれた食餌を与える食餌療法や運動などで肥満に対応していきます。糖質や脂肪分の少ないフードを与え、回し車やケージ外でも場所を広くとって毎日適度な運動を行わせることが必要です。

Point

- 1型糖尿病の治療には根本的な治療法はない
- 2型糖尿病の場合、食餌療法や運動療法によって肥満をコントロールする

心臓病

よく見られる拡張性心筋症は、
心臓が拡大し筋肉が薄く広がり、収縮力が低下する病気。

【症状】

ふだんより呼吸が速くなる

- 呼吸が速くなる
- 舌が紫色になる
- 体がむくむ(特に腹部に見られる)

Check!

遺伝的な要因や加齢、高血圧などが関係

心臓病の中では、拡張性心筋症があります。拡張性心筋症は、心臓の筋肉が薄く広がり、収縮力が低下する病気です。症状としては、ふだんより呼吸が速くなり、食欲も落ちて体重も減っていきます。さらに進行すると腹水で体がむくみ出して呼吸困難にもなります。さらに悪化すると死にもつながる重い病気です。

【原因】

肥満には要注意

原因は不明ですが、遺伝的に心臓病を発症しやすい体質を持っている可能性があります。

また、老化して心臓機能が低下することや、日常的に高脂肪・高カロリーなフードを過度に与え続けていたり、そのために過体重・肥満になって高血圧な状態が続いていたりすることが主な原因であると考えられます。特にナッツ類などの高脂肪・高カロリーなフードの与え方には十分注意しましょう。

【対策】

低脂肪でバランスの取れたフードを与えよう

遺伝性や高齢化による心臓の機能の低下はやむをえないでしょう。ただし、日常的な食生活の見直しによって心臓病のリスクを減らすことはできます。デグーには高糖分や高脂肪のフードを避け、低脂肪でバランスの取れたフードを提供しましょう。また、デグーの適正体重を維持して肥満を防ぐために、適切な運動を促進するような環境づくりも大切です。さらに、適切なケージサイズや周囲の環境条件も整えて、生活上のストレスが軽減されるように配慮しましょう。

Point

- 高糖分や高脂肪のフードを避ける
- 適切な運動を促進する
- 適切な生活環境でストレス軽減

【治療】

症状を緩和するための心臓薬が使用される

心臓病の治療には、一般的に心臓の機能を改善し、症状を緩和するための心臓薬が使用されます。また、自発的にフードを食べない場合は強制給餌や皮下注射などの支持療法が必要な場合があります。

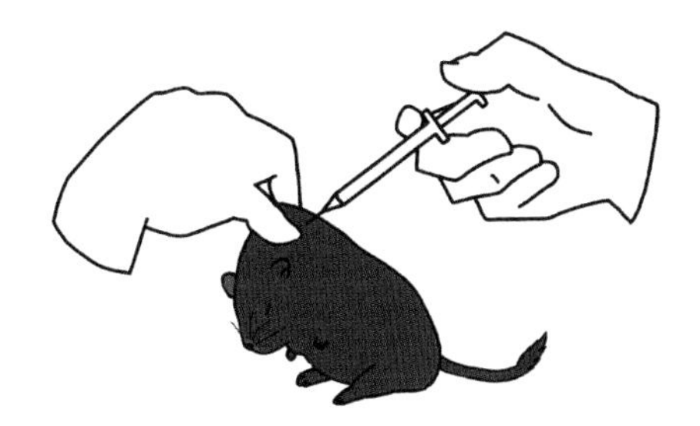

Point

- 心臓薬を投与
- 水分補給のための経口投与や皮下注射
- 自発的に食餌をとらない場合は強制給餌

下痢・軟便

下痢・軟便の症状は、軽度から重い病気まで考えられます。
1日以上続くようでしたら、必ず獣医師に診てもらいましょう。

【症状】

1日以上続く下痢は、重篤な病気が原因の可能性がある

- 下痢は、黄色や茶色、緑色など、通常よりも薄い色をしていて水っぽい
- 軟便は、通常よりも薄い色で柔らかく形が崩れやすい。
- どちらも通常よりも強く不快な臭いがする

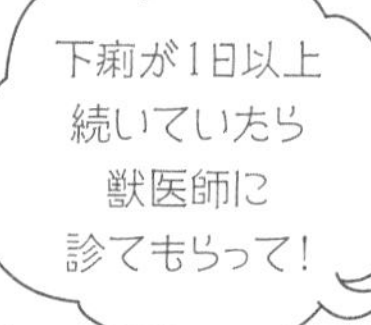

Check!

**感染性の下痢の場合は、
他のデグーにも感染する危険性があるので注意**

下痢になると肛門周りが便で汚れ、そのまま下痢が続くと脱水状態になってしまいます。

特に1日以上続く下痢は、重篤な病気が原因の可能性があります。ひどい場合は血が混じることもあります。1つのケージに多頭飼いしていて、その中のデグーが感染性の下痢をしている場合は、他のデグーにも感染する危険性があるので、ケージを分けましょう。

【原因】

重篤な場合は、腸管が閉塞する腸閉塞の可能性もある

下痢・軟便はさまざまな原因が考えられます。例えば、食べ過ぎや急な環境変化、食餌内容の変化などによるストレスで起こる一時的な下痢や軟便。また、胃炎、腸炎などの消化器系の病気や、細菌やウイルス、寄生虫などの病原体の腸内感染症によって起きるなど、その原因はさまざまです。重篤な場合は、腸管が何らかの原因で閉塞する腸閉塞の可能性もあるため十分注意しましょう。

【対策】

毎日バランスの取れたフードを与える

デグーには健康的でバランスの取れたフードを提供しましょう。また、ストレスを軽減するために静かな環境を整えることや、感染症予防のためにケージの掃除をこまめにして環境を清潔に保つことが大切です。さらに、飲み水は適切な温度に保つことが重要です。冷たい水は腸のトラブルを引き起こすことがあるからです。また、おやつは体調が回復するまで控えましょう。

Point

- バランスの取れたフードを与える
- 感染症予防のためにケージの掃除をこまめにする
- おやつは体調が回復するまで控える

【治療】

抗生物質が処方される

デグーの腸内環境を改善するために、プロバイオティクス（腸整剤）を使用します。これによって腸内の健康なバクテリアを増やし、消化をサポートします。下痢や軟便が感染によるものである場合、獣医師によって抗生物質が処方されることがあります。

Point

- 感染によるものでなければプロバイオティクス（腸整剤）が使われる
- 感染によるものである場合には、原因となる微生物に合わせて抗生物質が処方される

食滞（しょくたい）

食べた物が胃の中で適切に消化されず、腸の動きも悪くなって内容物が溜まってしまう状態のこと。苦しがっていたらすぐに獣医師に診てもらいましょう。

【症状】

うずくまって苦しんでいる

- うずくまる
- 歯ぎしりをする
- 腹部がふくらんでいるように見える

Check!

いつもの元気がなくなりチモシーやペレットを食べなくなる

デグーがいつもの元気がなくなり、チモシーやペレットを食べなくなる、水も飲まなくなる、毛づくろいもしなくなるといった様子が感じられたら、食滞の可能性があります。

食滞とは、食べた物が胃の中で適切に消化されず、腸の動きも悪くなって内容物が溜まってしまう状態を指します。食滞が起こると、その他の症状として、腹部の不快感によってうずくまったり、歯ぎしりをしたり、外見で腹部がふくらんでいるように見えることがあります。

【原因】

生活環境のストレスや水分の摂取不足、運動不足など

さまざまな原因が考えられますが、主な原因としては、生活環境のストレスや水分の摂取不足、運動不足のほか、異物を飲み込んでしまった場合にも起こりやすい病気です。

また、消化器系の問題（例えば腸の異常や腸閉塞など）がある場合にも起きやすい病気です。

食べてはいけないものを食べている

【対策】

食欲がない場合は、強制給餌が必要

食滞を予防することが大切です。日頃からチモシーなどの牧草を主食とし、ペレットや野菜などをバランスよく与えます。また、新鮮な水を常に与え続けられるようにしましょう。

また、ストレスにならないように生活環境を整え、毎日適度な運動をさせましょう。

なお、食滞になった場合は、次のような対処法が効果的です。まず、ケージを静かな場所に移動し、安静にしてストレスを与えないように配慮しましょう。室内の温度・湿度が適正であるかを確認し、体温が低下している場合は、保温が必要です。湯たんぽやペット用ヒーターを使って、体を温めてあげましょう。水分の補給も重要です。スポイトやシリンジを使って、水を飲ませます。食欲がない場合は、強制給餌が必要になることがあります。獣医師に指導を受けながら、流動食をシリンジで与えます。

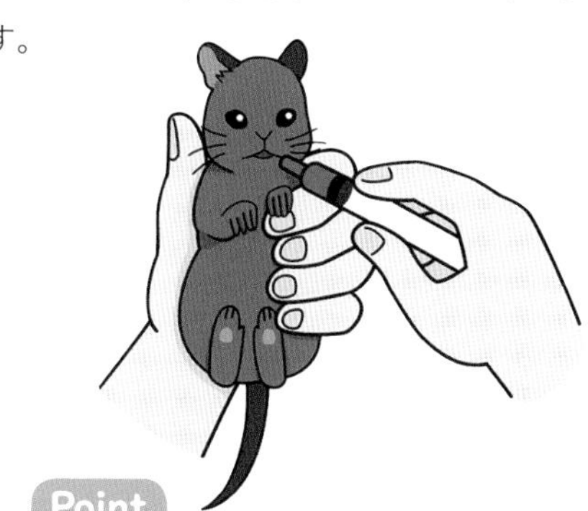

Point

- 予防のためには牧草を主食とし、ペレットや野菜などをバランスよく与える
- 毎日適度な運動をさせる
- 食滞になった場合は、強制給餌が必要になることがある

【治療】

胃腸の動きを改善して消化を促進するための薬の投与

胃腸の動きを改善して消化を促進するための薬が使用されます。また、便秘や下痢を止める薬が処方されることもあります。

Point

- 胃腸の動きを改善する薬の投与
- 便秘や下痢を止める薬の投与

鼓腸症（こちょうしょう）

お腹がふくらんで、
苦しそうにしていたら要注意!!

【症状】

腹部がふくらんで張っている

- 腹部がふくらんで張っている
- 苦しそうに呼吸をしている
- 体重が減少する

Check!

脱水症状で傾眠

鼓腸症は、腸内にガスが溜まり、食欲がなくなり下痢などの症状が出ることがあり、それにより脱水症状を起こすことがあります。脱水症状になると、元気がなくなり、じっとして多くの時間を寝て過ごす(傾眠)ようになることがあります。また、膨満感から不快感や苦痛で歯ぎしりや多くのよだれが出ていることもあります。

【原因】

不適切な食餌や誤飲誤食、歯の病気など

鼓腸症とは、胃腸内にガスが溜まって腸が異常に膨張する病気のことを言います。このことにより、消化や排便が困難になります。原因はさまざまですが、主な原因としては、日頃からの不適切な食餌（高脂肪、高糖質、低繊維など)や誤飲誤食、特に歯に病気があって食物を噛めずに飲み込んでいたりするなどが原因の消化器系のトラブル、そのほかストレスや運動不足などがあります。

【対策】

牧草を与え十分な運動の機会やスペースを提供する

鼓腸症は、適切な治療を行えば良くなる病気ですが、重症化すると命に関わることもあります。早期発見や予防が大切であることは言うまでもありません。予防には、高繊維で低脂肪の食餌であることや、常に新鮮な水を提供することが重要です。また、十分な運動の機会やスペースを提供してストレスにならない環境を与えることも大切です。

Point

- 高繊維で低脂肪の食餌
- 常に新鮮な水を提供する
- 十分な運動の機会やスペースを提供してストレスにならない環境を与える

【治療】

水分補給の皮下輸液や胃腸を動かす薬を飲ませる

症状によって異なりますが、胃腸を動かす薬のほか、鎮痛剤、整腸剤など投与します。また、食欲がない場合は、強制的に流動食を与える強制給餌を行います。さらに脱水症状がある場合は、皮下輸液を行います。

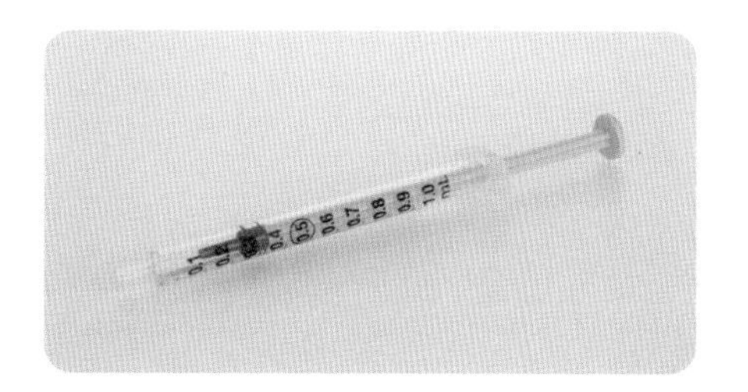

Point

- 胃腸を動かす薬や鎮痛剤、整腸剤などの投与
- 食欲がない場合は強制給餌
- 脱水症状がある場合は皮下輸液

腸閉塞（ちょうへいそく）

近くにデグーが口に入れてしまいそうな異物はありませんか?
飲み込んでしまったら大変!

【症状】

突然の食欲不振や排便の停止

- 苦しそうな呼吸をする
- 食欲がなくなる
- 便秘または下痢

Check!

**腹がふくれていて
苦しそうに呼吸**

誤飲した異物や毛玉で腸がつまってしまう病気です。元気がなくなって食欲がなくなり、体重が減り、しかもお腹がふくれていて苦しそうに呼吸をしていたら要注意です。命にかかわる病気なので、ただちに獣医師に診てもらいましょう。

【原因】

毛球症に注意

腸閉塞の原因で一番多いとされているのは毛球症になることです。デグーは毛づくろいを頻繁に行う動物で、その際に飲み込んだ毛が胃腸内に蓄積することで毛球が形成されます。毛球は消化できず、胃や腸管を閉塞させてしまうことがあります。それ以外にも、誤って床材やスポンジなどを飲み込んでしまったり（異物誤飲）、腸管内に腫瘍ができることで腸閉塞を起こしてしまうこともあります。

毛球

【対策】

予防対策が大切

腸閉塞は緊急を要する病気です。病気にかからないように予防対策が大切です。予防には、高繊維で低脂肪の食餌であることや、常に新鮮な水を提供することが重要です。また、十分な運動の機会やスペースを提供してストレスにならない環境を与えることも大切です。

Point

- 高繊維で低脂肪の食餌
- 常に新鮮な水を提供する
- 十分な運動の機会やスペースを提供してストレスにならない環境を与える

【治療】

原因によって異なる

治療法は、腸閉塞の原因によって異なります。毛球や異物誤飲が原因の場合は、毛球であれば胃腸を動かす薬を投与して排出をねらったり、手術で取り除いたりします。細菌感染による炎症が原因の場合は、抗生物質を投与します。また、腫瘍が原因の場合は、手術で腫瘍を摘出することもできますが、デグーは小さいので手術は困難です。

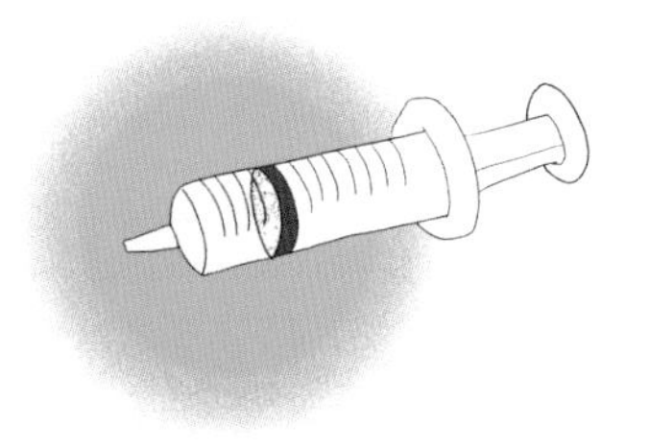

Point

- 毛球や異物誤飲が原因の場合は胃腸を動かす薬の投与や手術
- 炎症が原因の場合は抗生物質を投与
- 腫瘍が原因の場合は手術を行う場合も

便秘（べんぴ）

うんちの回数が減ったり、
うんちする時に痛そうにしている。

【症状】

便がいつもよりも小さい、便の量が出ていない

- うんちの回数が減る
- 腹部がふくらんでいるように見える
- 痛そうにうんちする

健康なデグーのうんち

腸内に便が溜まる

うんちがいつもよりも小さかったり、いつもの量が出ていなかったりする場合には便秘を疑いましょう。便秘によって食欲が低下することがあります。

便秘は、腸内にガスが溜まるために背中を丸めていたり、その痛さをまぎらわすために歯ぎしりしていることもあります。また、腹部の不快感によって、怒りや警戒の際に見られるような、歯をカチカチ鳴らしたり、噛みついたりといった不機嫌な行動をすることがあります。

【原因】

食物繊維が不足した食餌はNG

デグーが便秘になる原因はさまざまですが、主な原因の一つは、食餌に関連しています。食物繊維が不足した食餌を摂取すると便秘になりやすくなります。また、水分摂取が不十分だったり、運動不足だったりすると便秘になる可能性もあります。そのほかには、ストレスや環境の変化、健康問題などが原因になることもあります。

【対策】

水分を多く摂取できるようにこまめに水を交換

適切な温度と湿度を維持し、食餌は食物繊維が豊富なチモシーを主食にして与えましょう。また、水分を多く摂取できるようにこまめに水を交換して飲ませましょう。また、十分な運動をさせることも重要です。なお、油脂、糖質成分の多い種子類、ナッツ類などは消化不良を起こし、便秘の原因になります。おやつとして与えるときは少量で、便秘気味のときは与えるのを控えましょう。

Point

- 適切な温度と湿度を維持
- 食餌は食物繊維が豊富なチモシーを主食とする
- 油脂、糖質成分の多い種子類、ナッツ類などは少量か控える

【治療】

胃腸の動きを促進する薬や、便を軟らかくする薬の投与

一般的な治療法としては、獣医師から胃腸の動きを促進する薬剤や便を軟らかくするための薬が投与されます。

治療中飼い主は、食物繊維を豊富に含むフードを与え、それと同時に、デグーが十分な水分を摂取できるようにしましょう。

Point

- 胃腸の動きを促進する薬剤の投与
- 便を軟らかくする薬の投与
- 治療中飼い主は食物繊維が豊富フードと十分な水を与える

肝臓病（かんぞうびょう）

何も食べたがらなくなる、腹水でお腹がふくらむ、
皮膚や白目の部分が黄色くなる。

【症状】

黄疸（おうだん）で皮膚や白目の部分が黄色くなる

- 食欲不振
- 体重が減少する
- 皮膚や白目が黄色くなる

急性と慢性がある

肝臓の機能が低下することによって起こります。肝臓病は、急性と慢性があります。急性は、突然発症し、短期間で進行し、症状が重篤で死亡率が高いです。慢性は徐々に進行します。肝臓病には、さまざまな症状が出ます。主な症状としては、食欲不振、元気喪失、皮膚や白目の部分が黄色くなる黄疸、お腹に水が溜まる腹水などがあります。

【原因】

高脂肪や古くなったフードを与え続けるなど

肝臓病の原因はいくつかありますが、主な原因として、特に、高脂肪や高糖分の不適切なフードを与え続けていたり、栄養不足だったりする場合や、農薬や家庭用品の中に含まれる有害な化学物質を誤飲・誤食した場合などが挙げられます。さらに、カビが作り出す毒素によるもの、感染症や肥満、肝臓に腫瘍ができたりすることで肝臓病を引き起こす原因となることがあります。

脂質が多い食べ物の例

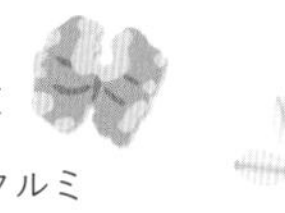

【対策】

感染症の予防のために他の動物との接触を避ける

栄養バランスの取れた食餌と適切な水分摂取が必要です。また、適度な運動や遊びはデグーの代謝を促進して肝臓の健康をサポートすると共に、ストレスの低減にもなります。運動の機会や安全な遊具を提供し、デグーが十分に運動できる環境を整えましょう。さらに、感染症の予防のために他の動物との接触を避けましょう。

Point

- 栄養バランスの取れた新鮮な食餌と適切な水分摂取が必要
- 運動の機会や安全な遊具を提供する
- 感染症の予防のために他の動物との接触を避ける

【治療】

肝庇護剤や抗生物質、ステロイド等の投与

一般的には、肝機能を改善するための肝庇護剤や感染症予防のための抗生物質、肝臓の炎症を軽減するためのステロイド、体内の余分な水分を取り除いて腹水症状を軽減するための利尿剤の投与などが行われます。

治療中飼い主は、いつも以上に食材に気を配り、十分な水分を与えることが重要です。また、治療中はデグーの運動を制限する必要があります。そのため、ストレスを発生させないように適切な温度・湿度の管理や騒音などがない静かな環境を提供しましょう。

Point

- 肝庇護剤や抗生物質の投与
- ステロイドや利尿剤の投与
- 適切な温度・湿度の管理や騒音などがない静かな環境の提供

脱腸（だっちょう）

肛門から腸が飛び出ていたら、
ただちに獣医師に診てもらいましょう。

【症状】

放置すると壊死（えし）して死んでしまう

- 腸の一部が肛門から飛び出ている
- いきみながら排便している
- お尻から血が出ている

Check!

患部をなめたりかじったりする行為に注意！

脱腸は、腸の一部が肛門から脱出することを指します。デグーは痛みや不快感により、そのことに対処しようとして、患部をなめたりかじったりすることもあり、さらに症状を悪化させる可能性があります。さらに、放置すると細菌感染を起こしたり、腸の壊死を引き起こす可能性があるため、ただちに獣医師に診てもらいましょう。

【原因】

便秘・下痢・肥満・腸重積（ちょうじゅうせき）など

一般的には、便秘（P70）や下痢（P62）、肥満（P104）、腸重積※などが主な原因と考えられています。便秘や下痢は、排便時に肛門に負担がかかって脱腸を引き起こす可能性があります。また、肥満や腸内腫瘍も腹部内圧が高くなるため、脱腸を引き起こす可能性があります。そのほかにもさまざまな原因があります。

※腸重積とは、腸管の一部が肛門側に引き込まれてしまうことによって生じる病気のこと。

【対策】

便秘の予防が大切

牧草のチモシーを主食として与えましょう。また、便秘は脱腸の原因となるため、便秘の予防には、前述のチモシーと新鮮な水を与えるとともに、広いケージを用意したり、おもちゃを与えたりして、デグーがストレスを感じないような環境を作ってあげることが大切です。また、下痢も腸内環境の悪化を招き、脱腸の原因となる可能性があります。下痢が続く場合は、獣医師に相談して適切な治療を受けましょう。

Point

- 主食は食物繊維を多く含むチモシーを与える
- 便秘の予防が大事
- 下痢が続く場合は獣医師に相談

【治療】

外科手術が必要な場合もある

治療としては、原因となっている病気を治す処置をとり、脱腸部分を整復します。患部の状態によっては外科手術が必要な場合があります。

Point

- 原因となっている病気を治す処置をとる
- 脱腸部分を整復する
- 患部の状態によっては外科手術を行う

鼻炎（びえん）

頻繁にくしゃみをしていたり、
鼻水が出ている。

【症状】

苦しそうにゼイゼイと息をしていたら要注意

- 頻繁にくしゃみをする
- 鼻を頻繁にこすっている
- 鼻水が出ている

Check!

目が充血することもある

鼻炎は、鼻の内部や鼻腔の組織が炎症を起こす状態を指します。苦しそうにゼイゼイと呼吸をしたり、鼻腔からヒューヒューと音がしたりします。また、鼻づまりによって口で呼吸をしたり、鼻腔の炎症が鼻涙管を通じて目に伝播することや鼻づまりによる酸素不足などが原因で、目の充血を引き起こすこともあります。

【原因】

乾燥した空気の中で高いストレス状態

細菌やウイルスが鼻腔や気道に入って起きるケースや、環境中の花粉やホコリなどに対するアレルギー反応で起きるケースなど、その原因はさまざまです。特に適切な温度・湿度管理がなされずに乾燥した中で高いストレス状態でいると、免疫力が低下して鼻炎にかかりやすくなります。

【対策】

快適な温度・湿度を保つ

デグーにとって快適な温度・湿度(室温20 ～25°C程度／湿度50 ～60％程度)を保ちましょう。特に乾燥した環境は、鼻腔の粘膜を刺激し、炎症を起こしやすくします。加湿器を設置したり、洗濯物を室内に干したりして、湿度を調整しましょう。また、毎日ケージを換気し、新鮮な空気を入れましょう。さらに、食べかすや溜まったホコリなどの粉塵がデグーの鼻に入らないようにケージ内を清潔に保ちましょう。

Point

- 快適な温度・湿度(室温20 ～25℃程度／湿度50 ～60％程度)を保つ
- 特に乾燥には気をつける
- ケージ内を清潔に保つ

【治療】

細菌感染によるものである場合は抗生物質の投与

一般的な治療法としては、鼻炎が細菌感染によるものである場合、抗生物質の投与を行います。また、鼻腔の炎症を軽減するために抗炎症薬が使用されることがあります。

治療中飼い主は、湿度が低い場合にはデグーの呼吸器系をサポートするために、加湿器を使って部屋の湿度を上げることをおすすめします。また、食餌やストレスに対しても、デグーの免疫力が高まるように十分な栄養とストレス軽減に配慮しましょう。

Point

- 細菌感染によるものである場合は抗生物質の投与
- 鼻腔の炎症を軽減するために抗炎症薬を使用
- 治療中飼い主は、湿度、食餌やストレスに配慮

肺炎

異常な呼吸音がしていませんか?
くしゃみの後、苦しそうに呼吸していませんか?

【症状】

お腹で息をする腹式呼吸をする

- 鼻水が出る
- お腹で息をする腹式呼吸をする
- 食欲がなくなる

頻繁にせきをする

　食欲も低下し、痩せていきます。また、頻繁にくしゃみをするようになります。さらに、肺に炎症を起こすことから、肺に漿液や粘液などの分泌物が溜まり、呼吸できず苦しむようになります。口を開けて呼吸したり異常な呼吸音がしたりします。

【原因】

高齢や幼年期のデグーに発症しやすい

　原因はさまざまですが、一般的な原因として細菌やウイルスの感染により肺に炎症を起こして肺炎になります。ほかの病気になっていて体が弱っている時や、免疫力が低下している高齢デグーや、免疫力の低い幼年期のデグーに発症しやすい病気です。また、ホコリが多い場所や温度調整が難しい場所で飼育するとかかりやすくなる傾向があるので注意しましょう。

【対策】

免疫力を下げないことが大切保つ

環境を清潔に保ち、デグーが食べかすやホコリなどを吸い込まないように、注意が必要です。また、広いケージを用意したり、おもちゃを与えたりしてデグーがストレスを感じないように生活環境を整えましょう。また、直接の因果関係はありませんが、デグーが肥満にならないように、適切な食餌と運動を与えましょう。肥満は免疫力を落とし、感染症にかかりやすくしますので、注意が必要です。

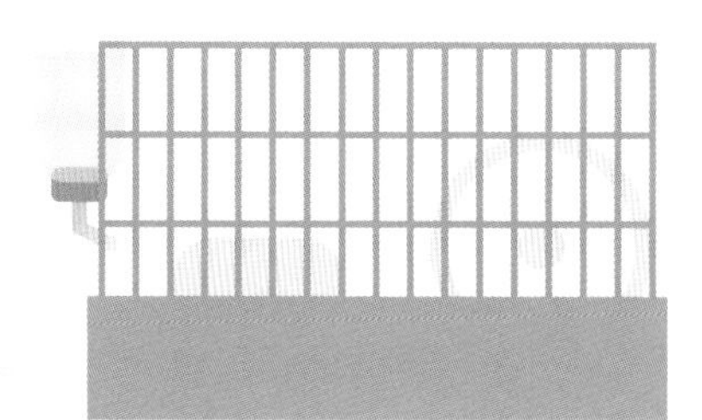

Point

- 食べかすやホコリなどを吸い込まないように環境を清潔に保つ
- ストレスを感じないように生活環境を整える
- 免疫力を落とさないような生活が大事

【治療】

適切な抗生物質の投与

肺炎は主に細菌感染が原因となるため、適切な抗生物質が投与されます。くしゃみなどを和らげるために、炎症を抑える薬が処方されることがあります。呼吸困難がひどい場合は、酸素吸入を行います。

治療中飼い主は、湿度が低い場合にはデグーの呼吸器系をサポートするために、加湿器を使って部屋の湿度を上げることをおすすめします。また、食餌やストレスに対しても、デグーの免疫力が高まるように十分な栄養とストレス軽減に配慮しましょう。

なお、重症の場合は、入院加療が必要となります。

Point

- 細菌感染によるものである場合は抗生物質の投与
- 肺の炎症を軽減するために抗炎症薬を使用
- 治療中飼い主は、湿度、食餌やストレスに配慮

気管支炎（きかんしえん）

苦しそうに呼吸をしていたり、
浅い呼吸になったりしていませんか?

【症状】

呼吸が早くなったり、鼻水が出ていたりしている

- 苦しそうに呼吸をしている
- 呼吸をするときに音がする
- 舌の色が良くない

Check!

舌が青くなっていると危険な状態

初期の症状では、呼吸が早くなったり、鼻水が出ていたりしています。しかし、次第に症状が悪化してくると、鼻水がひどい状態となり、ぐったりとしていることが多くなります。さらに、呼吸がうまくできずに酸素不足に陥ると、舌が青くなって大変危険な状態になります。

【原因】

寒暖差などでの環境ストレスに注意

主な原因としては、細菌やウイルスが気管支に感染することや、デグーがハウスダストや花粉、カビなどに対してアレルギー体質である場合も、これらのアレルゲンに接触することで気管支炎になりやすいと言われています。そのほかには、たばこの煙や有害なガスや化学物質などを吸引した際も同様です。これらの要因と寒暖差などでの環境ストレスで、デグーの免疫力が低下している場合に発症のリスクが高まります。

【対策】

快適な温度・湿度を保つ

デグーにとって快適な温度・湿度(室温20 ～25°C程度／湿度50 ～60％程度)を保ちましょう。特に乾燥した環境は、気管支を刺激し、炎症を起こしやすくします。加湿器を設置したり、洗濯物を室内に干したりして、湿度を調整しましょう。また、毎日ケージを換気し、新鮮な空気を入れましょう。さらに、食べかすや溜まったホコリなどの粉塵がデグーの鼻に入らないようにケージ内を清潔に保ちましょう。

Point

- 快適な温度・湿度(室温20 ～25℃程度／湿度50 ～60%程度)を保つ
- 特に乾燥には気をつける
- ケージ内を清潔に保つ

適切な抗生物質の投与

細菌感染が原因である場合、適切な抗生物質が投与されます。必要があれば、血液中の酸素量を増やすため、酸素吸入が行われます。また、気管支の炎症を抑えたり、くしゃみを和らげるために炎症を抑える薬が処方されます。

治療中飼い主は、湿度が低い場合にはデグーの呼吸器系をサポートするために、加湿器を使って部屋の湿度を上げることをおすすめします。また、食餌やストレスに対しても、デグーの免疫力が高まるように十分な栄養とストレス軽減に配慮しましょう。

Point

- 細菌感染によるものである場合は抗生物質の投与
- 気管支の炎症を軽減するために抗炎症薬を使用
- 治療中飼い主は、湿度、食餌やストレスに配慮

鼻腔内腫瘍（びくうないしゅよう）

顔の腫れに注意!
鼻腔内腫瘍が大きくなると、顔が腫れることがあります。

【症状】

腫瘍が大きくなると鼻や目の周辺の顔が変形する

- 鼻水が出ている
- 頻繁にくしゃみをしている
- 鼻がつまって
  呼吸しづらそうにしている

Check!

頻繁にくしゃみをしたり、鼻をこすったりする仕草が始まったら要注意

初期の段階では、ほとんど症状がなく発見が難しい病気です。しかし、片側または両側の鼻から鼻汁や膿が出るようになってきたら注意が必要です。また、頻繁にくしゃみをしたり、鼻をこすったりする仕草が見られます。また病気が進行して腫瘍が大きくなると、鼻や目の周辺の顔が変形することがあります。

【原因】

細菌などの感染により鼻腔内で炎症を起こし腫瘍化

一般的な原因としては、歯根が伸びて(歯根過長)鼻腔内に入り込み、鼻腔内の組織を刺激したり、鼻道を塞いでしまうことがあります。慢性的な刺激が鼻腔内腫瘍の原因となることがあります。また、老化やストレスなどで免疫力が落ちている中で、細菌などの感染により鼻腔内の粘膜が炎症を起こし、腫瘍化する可能性もあります。

【対策】

ケージ内は湿度を50 ～60％程度に保つ

腫瘍の原因とされる鼻腔内での炎症を起こりにくくするためには、食べかすや溜まったホコリなどの粉塵がデグーの鼻に入らないようにケージ内を清潔に保ちましょう。また、乾燥した環境も、鼻腔内腫瘍にかりやすくなるとされています。ケージ内は湿度を50 ～60％程度に保ちましょう。また、ケージ内の空気が滞留すると、有害物質が溜まりやすくなります。そのため、毎日ケージを換気することも大切です。そのほかには、バランスの良い食餌を与えることやストレスを感じさせない環境作りが大切です。

Point

- ケージ内を清潔に保つ
- ケージ内は湿度を
  50 ～60％程度に保つ
- 毎日ケージを換気する

【治療】

大きくなった場合には外科手術

治療法は、腫瘍の原因や大きさ、進行度などによって異なります。症状に合わせた対症療法を行う場合がほとんどです。細菌感染を伴う場合には抗生物質が投与されます。また、炎症が強い場合は抗炎症薬を投与します。なお、大きくなった腫瘍の場合には、外科手術で切除することもありますが、難しいケースがあります。

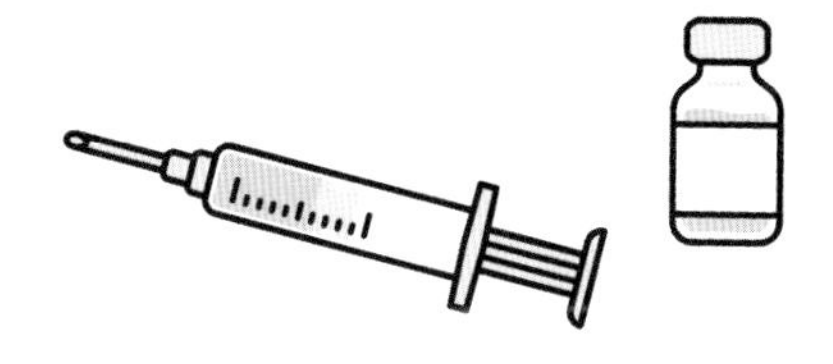

Point

- 治療は主に対症療法
- 細菌感染を伴う場合は、
  抗生物質の投与
- 大きくなった腫瘍や
  悪性腫瘍の場合には外科手術

膀胱炎（ぼうこうえん）

おしっこの時に痛そうだったり、
血尿が出ていませんか?

【症状】

おしっこの臭いがきつくなる

- おしっこの回数が増える
- おしっこの臭いがきつくなる
- おしっこの時に鳴き声をあげる

Check!

膀胱結石が原因のこともある

腹部を痛がり、体を丸めてうずくまっていることもあります。また、膀胱炎になると、おしっこ中に血液が混じることがあります。血尿の場合、尿路に細菌感染を引き起こします。膀胱結石が原因となることもあります。放置しておくと尿道をふさいで尿毒症が発生する可能性もあり、命にかかわることがあります。

【原因】

免疫力の低下が主な原因

最も一般的な膀胱炎の原因は、細菌による感染です。細菌が尿道を通じて膀胱に侵入し、炎症を引き起こします。日頃からストレスが高い生活をしていると、免疫力が低下し、感染症にかかりやすかったり、膀胱の機能を低下させたりすることがあり、膀胱炎の原因の一つと考えられます。また、尿路結石や尿路腫瘍がある場合も、尿路の一部が閉塞されておしっこが正常に出なくなり、膀胱に留まった尿内で細菌が繁殖して膀胱炎を起こすこともあります。

【対策】
リンの多い食べ物(ナッツ類)は控える

ケージを清潔に保ち、新鮮な水を与えましょう。また、バランスのとれた食餌を与え、特にリンの多い食べ物(ナッツ類)は控えましょう。また、広いケージを用意したり、おもちゃを与えたりして、デグーがストレスを感じないような環境を作ってあげることも大切です。

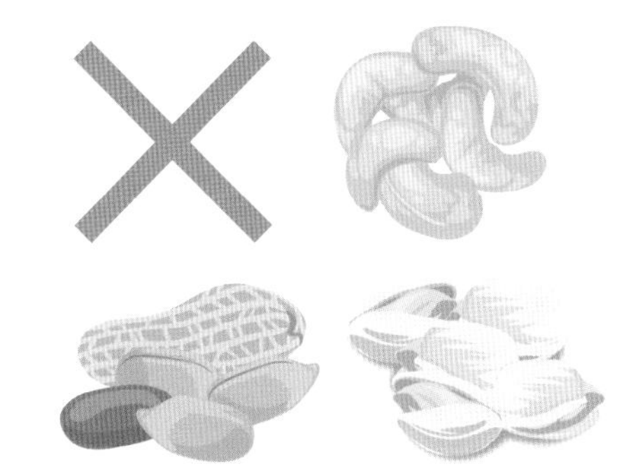

Point
- ケージを清潔に保つ
- 新鮮な水を与える
- ストレスを感じないような環境を作る

【治療】
抗生物質を投与

治療法として、細菌感染に対しては抗生物質を、痛みがある場合は、痛み止めを投与します。膀胱結石がある場合は外科手術によって摘出することもあります。

Point
- 痛みがある場合は痛み止めを投与
- 感染症の場合は抗生物質を投与
- 結石がある場合は摘出手術

尿路結石（にょうろけっせき）

おしっこの時に
鳴き声をあげていませんか?

【症状】

排尿痛、頻尿、血尿など

- 頻繁におしっこすることを試みるが、少量しか出ない
- ケージの床などに小さなおしっこの滴が続いている
- おしっこの時に鳴き声をあげる

Check!

ふだん元気なデグーが急に元気をなくしてうずくまる

尿路結石が尿路や膀胱の粘膜を傷つけ、おしっこの中に血液が混じることがあります。おしっこが赤褐色やピンク色に変色している場合は、血尿の可能性があります。また、痛みや不快感によって、ふだん元気なデグーが急に元気をなくしてうずくまり、フードを口にしないといったことも起きます。

【原因】

栄養バランスが偏った食餌、水分摂取不足、運動不足

日頃から栄養バランスが偏った食餌(特に、カルシウムやマグネシウム、リンなどのミネラルの過剰摂取や不足)が主な原因の一つであると考えられています。また、十分な水分の摂取がなかったり運動不足であったりする場合には、尿中の成分が濃縮されやすくなってこの病気が発症する可能性が高まります。そのほかには、その個体が遺伝的に尿路結石ができやすい体質である場合もあります。

【対策】

日頃の水分摂取が大事

水分摂取量が足りないと尿結石ができやすくなりますので、常に新鮮な水を提供しましょう。また、バランスの取れた食餌を与えることが重要です。カルシウムやマグネシウムを豊富に含む食材は尿結石を引き起こす可能性があります。例えば、小松菜やチンゲン菜、ブロッコリーなどには多くのカルシウムが含まれています。また、クルミやバナナなどには多くのマグネシウムが含まれていますので、注意が必要です。

カルシウムが多い食材

小松菜
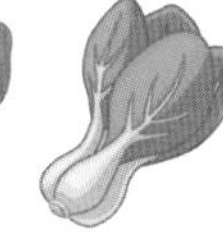
チンゲンサイ

カリウムが多い食材

バナナ

クルミ

リンが多い食材

トウモロコシ

ピスタチオ

Point

- 常に新鮮な水を提供
- バランスの取れた食餌を提供
- カルシウムやマグネシウムを豊富に含む食材には注意する

【治療】

場合によっては手術によって結石を摘出

一般的な治療法では、まずは、X線検査や超音波検査などの画像検査が行われます。小さな結石の場合、デグーに流動食や水分補給を行うことで尿量を増やし排出させるか、大きな結石や内科的治療が効果的でない場合は、手術によって結石を摘出します。

Point

- X線検査や超音波検査などの画像検査が行われる
- 小さな結石の場合は水分補給などで排出させる
- 大きな結石や内科的治療が効果的でない場合は手術によって結石を摘出

腎臓病（じんぞうびょう）

食欲不振になったり、
脱水症状が出ていたら注意しましょう。

【症状】

頻繁に水を飲んでいる

- 異常なほど水を飲んでいる
- 頻繁におしっこをする
- いつもよりおしっこが臭かったり色が薄かったりしている

Check!

体がむくんだりぐったりしたりする

腎臓が正常に機能しないため、体内の水分が適切に保持されなくなり、体がむくんだり、いつもの活発さがなくなってぐったりするなど脱水症状を示すことがあります。また、腎臓病によって体内の毒素が蓄積すると、消化器系に影響を与えて下痢を引き起こすことがあります。

【原因】

複数の要因が単体もしくは組み合わさって発症

腎臓病の原因には、主に加齢、感染症や脱水症、腫瘍、遺伝的要因、偏った食生活などが関係していると考えられています。具体的には、老化による腎臓機能の低下や、尿路感染症やその他の感染症の進行、脱水状態、腎臓に腫瘍がある、遺伝によって腎臓の機能が低下しやすい傾向がある、塩分やカルシウムの多い偏った食生活など、そうした要因が単体もしくは組み合わさって発症することがあります。

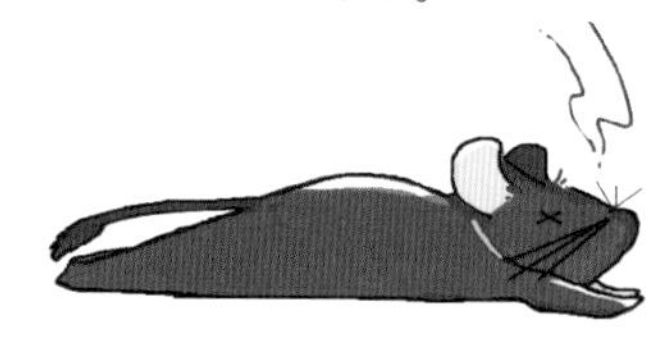

【対策】

高脂肪分や高糖分、高塩分などの不適切なフードを与えない

特に、高脂肪分や高糖分、高塩分、高カルシウム分などの不適切なフードを与えないことと、栄養不足にならないように栄養バランスの取れた食餌を与えることが大切です。そして、水をこまめに交換して水分の補給ができるようにし、かつ水飲み器を清潔に保つことも大切です。また、適度な運動をさせることで、腎臓の機能を促進します。さらに、ウイルスや細菌による感染症にも十分気をつけましょう。

Point

- 高脂肪分や高糖分、高塩分、高カルシウム分などの不適切なフードを与えない
- 水をこまめに交換して水分の補給ができるようにする
- 適度な運動をさせる

【治療】

腎臓病治療薬や降圧剤の投与

一般的には、腎臓の損傷を軽減する腎臓病治療薬や腎臓病の悪化を防ぐ降圧剤（こうあつざい）が投与されます。しかし、デグー用の薬はないため、犬猫用のものを代用することがあります。また、腎臓が機能しなくなった場合には、リンが体内に蓄積するのを防ぐリン結合剤や貧血防止のための貧血剤などが投与されます。

治療中飼い主は、いつも以上に食材に気を配り、十分な水分を与えることが重要です。また、治療中はデグーの運動を制限する必要があります。そのため、ストレスを発生させないように適切な温度・湿度の管理や騒音などがない静かな環境を提供しましょう。

Point

- 腎臓病治療薬や降圧剤の投与
- リン結合剤や貧血剤の投与
- 適切な温度・湿度の管理や騒音などがない静かな環境の提供

子宮蓄膿症（しきゅうちくのうしょう）

未妊・未出産のデグーに
特に発症しやすい病気。

【症状】

下腹部のふくれや陰部からおりものが出る

- 陰部からおりものが出る
- 下腹部がふくれる
- 食欲がなくなる

Check!

異変を感じたらすぐに獣医師に診てもらいましょう

子宮蓄膿症は、メスの子宮内に膿が溜まる病気です。未妊・未出産のデグーに特に発症しやすいと言われています。致死率の高い病気です。早期発見・早期治療が重要なので、少しでも異変を感じたらすぐに獣医師に診てもらいましょう。

【原因】

細菌が子宮内に感染して膿が溜まる

子宮蓄膿症は、子宮内に細菌が侵入して感染が起きることが一般的な原因です。その原因はホルモンバランスの乱れとされています。そのうえで、不衛生な環境やバランスを欠いた食生活、環境によるストレスなどでの免疫力の低下が組み合わさることで、子宮蓄膿症が発生する可能性が高まります。

子宮内に細菌が侵入

【対策】

避妊手術（卵巣摘出手術）を行う

栄養バランスの取れた食餌を与えましょう。そのことが免疫力を高めます。また、ケージの定期的な清掃など、生活環境を清潔に保つことも大切です。さらに、ストレスを軽減するために十分なスペースと運動ができる適切な環境を提供しましょう。

なお、子宮蓄膿症の発症リスクを減らすためには、避妊手術（卵巣摘出手術）が有効ですが、デグーではまだ一般的ではありません。

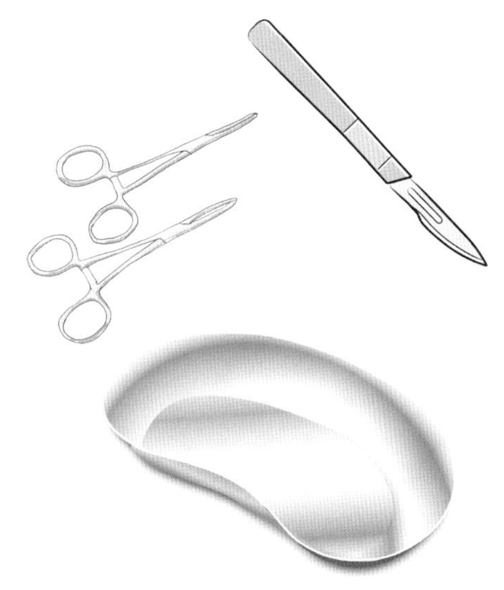

Point

- 栄養バランスの取れた食餌を与える
- ストレスを軽減するために十分なスペースと、運動ができる適切な環境を提供する
- 避妊手術（卵巣摘出手術）が有効

【治療】

卵巣と子宮を摘出

一般的な治療法としては、全身麻酔をかけて卵巣と子宮を摘出する治療を行います。また、感染を抑えるために、経口または注射で抗生物質や、痛みや炎症を軽減するために鎮痛剤が投与されます。

治療中飼い主は、ケージ内を清潔に保ち感染症を防ぎましょう。また、十分な水分を与えることが重要です。さらに、治療中はデグーの運動を制限する必要があります。そのため、ストレスを発生させないように適切な温度・湿度の管理や騒音などがない静かな環境を提供しましょう。

Point

- 卵巣と子宮を摘出する
- 抗生物質や鎮痛剤を投与する
- 適切な温度・湿度の管理や静かな環境を提供する

子宮腫瘍

(しきゅうしゅよう)

陰部からの出血やおしっこがしづらそうな様子だったら
この病気を疑おう。

【症状】

病気が進行すると死に至る

- 陰部から出血している
- 元気がなくなる
- 食欲低下によって、
  体重が減少する

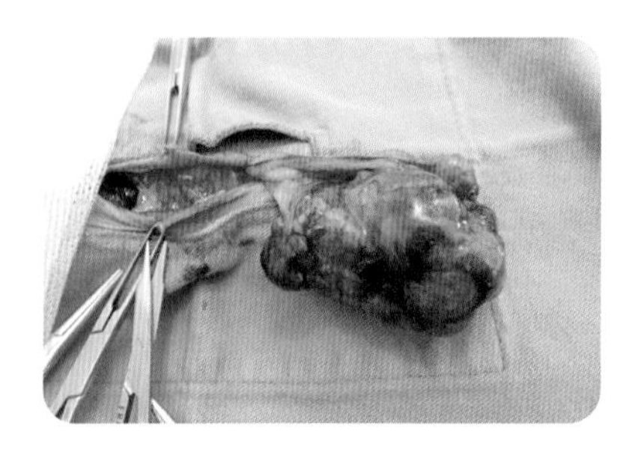

Check!

お腹がふくれたり、排尿が困難

腫瘍が大きくなっていくと、腫瘍が尿道を圧迫して、おしっこをすることが困難になります。また、腫瘍が直腸を圧迫すると、便秘になったり、下痢になったりします。病気が進行すると、他に感染症や脱水症状を引き起こして死に至ることもあります。

【原因】

比較的かかりやすい

デグーの子宮腫瘍には良性と悪性があります。悪性は進行が早く、転移する可能性があり、命に関わります。

はっきりとした原因はまだ解明されていませんが、ホルモンの影響や遺伝的な体質、ストレスなどの環境要因、そして子宮内膜炎などの感染症が関与することもあると考えられています。

子宮にガン細胞

【対策】

避妊手術（子宮摘出手術）が有効

栄養バランスの取れた食餌を与えましょう。そのことが免疫力を高めます。また、ケージの定期的な清掃など、生活環境を清潔に保つことも大切です。さらに、ストレスを軽減するために十分なスペースと運動ができる適切な環境を提供しましょう。

なお、子宮腫瘍の発症リスクを減らすためには避妊手術（子宮摘出手術）が有効ですが、デグーではまだ一般的ではありません。

Point

- 栄養バランスの取れた食餌を与える
- ストレスを軽減するために十分なスペースと運動ができる適切な環境を提供する
- 避妊手術（子宮摘出手術）が有効

【治療】

卵巣と子宮（腫瘍部位を含む）の摘出手術を行う

治療法は、腫瘍の種類や進行度、個体の健康状態などによって異なりますが、一般的な治療法としては、全身麻酔をかけて卵巣と子宮（腫瘍部位を含む）の摘出手術を行います。その後、痛みや炎症を軽減するための鎮痛剤や、感染を防ぐために、経口または注射で抗生物質を投与します。

治療中飼い主は、ケージ内を清潔に保ち感染症を防ぎましょう。また、十分な水分を与えることが重要です。さらに、治療中はデグーの運動を制限する必要があります。そのため、ストレスを発生させないように適切な温度・湿度の管理や騒音などがない静かな環境を提供しましょう。

Point

- 卵巣と子宮（腫瘍部位を含む）の摘出手術を行う
- 鎮痛剤や抗生物質を投与
- 適切な温度・湿度の管理や静かな環境を提供する

陰茎（ペニス）脱

陰茎が出たままの状態になり、
それ自体やその周辺に腫れや炎症が見られる。

【症状】

悪化するとおしっこするのが困難になり元気や食欲がなくなる

- 陰茎が体外に出ている
- 陰茎が赤く腫れることもある

Check!

**陰茎が体外に出て
元に戻らなくなる**

陰茎（ペニス）脱とは、陰茎が体外に出て元に戻らなくなることを言います。そのような場合、デグーが体外に出た陰茎を舐め壊したり、自咬によって陰茎から出血したりします。場合によっては陰茎の壊死などが生じます。症状が悪化すると、おしっこをするのが困難になり元気や食欲がなくなり、場合によっては死につながることがあります。

【原因】

発情期やデグー同士のケンカ

発情期やデグー同士のケンカでの下腹部のケガ、膀胱炎（P84）や尿路結石（P86）などの尿路系疾患によって陰茎が体外に出たままの状態になることがあります。また、下腹部の体毛が正常な体内への収納を妨害する場合もあります。さらに、過度の発情やストレスなども原因となる場合もあります。

【対策】

デグー同士のケンカを避ける

多頭飼育の場合には、デグー同士のケンカが起きないようにケージの広さや個体同士の関係に配慮することが大切です。また、栄養バランスの取れた食餌を与え、十分な運動の機会やスペースを提供してストレスにならない環境を与えることも大切です。

Point

- ケンカが起きないように配慮
- 栄養バランスの取れた食餌を与える
- 十分な運動の機会やスペースを提供してストレスにならない環境を与える

【治療】

脱出した陰茎を消毒して包皮内に整復

陰茎脱の治療は、原因によって異なりますが、一般的には脱出した陰茎を消毒して包皮内に整復します。炎症や壊死が進んでいる場合は整復できない場合もあり、その時は外科手術を行います。整復後、炎症や感染を防ぐために消炎剤や抗生物質を投与します。

Point

- 陰茎を消毒して包皮内に整復
- 炎症や壊死が進んでいる場合は外科手術
- 整復後、消炎剤や抗生物質を投与

ケガによる傷、引っ掻き傷・噛み傷

同居しているデグーと相性が悪い場合、
ケンカをして噛み傷や引っ掻き傷を負ってしまう場合があります。

【症状】

単なるケガも甘く見てはいけない

- ケガによる傷、噛み傷や引っ掻き傷がある
- 特定の部位が腫れている
- 特定の部位から膿が出ている

Check!

出血や傷がある、特定の部位が腫れている

ケンカでデグーが本気で噛み合った場合には、どちらか、あるいは双方が大ケガをしている可能性がありますので注意が必要です。出血や傷ができていたり、特定の部位が腫れていて触ると痛がったりしている場合には、早めに獣医師に診てもらいましょう。症状が悪化してくると、傷口から膿が出たり発熱している可能性があり、他の病気との合併症にもなりかねません。

【原因】

単頭飼育と多頭飼育では原因が異なる

単頭飼育でのケガ(傷)は、ケージの中や外で物等にぶつかったりして傷を負うことがあります。また、自咬症(P108)は、自ら噛んで体を傷つけることを言います。

多頭飼育の場合、デグーは、ストレスや不安を感じると、攻撃的な行動をとることがあり、これがデグー同士のケンカにつながります。また、ケンカの要因にはほかに縄張り争いやメスをめぐっての争いがあります。特に、発情期になるとお互い攻撃的になってケンカになることがあります。ほかにデグー同士では、遊びの中で興奮のあまり引っ掻いたり、噛んだりすることがあります。

【対策】

ストレスをかけない

デグーが噛み傷や引っ掻き傷を負わないようにするためには、デグーの爪を定期的に切って、鋭くならないようにすることや、ケージ内でケンカをしがちな個体同士は別別のケージを用意するなど引き離しておくことです。また、ストレスを減らすために、十分な運動スペースとおもちゃを与えるなどして、環境を整えることが大切です

Point

- 爪を定期的に切る
- ケンカをしがちな個体同士は別のケージを用意する
- 十分な運動スペースとおもちゃを与えるなどしてストレスを減らす

【治療】

エリザベスカラーの装着も

出血が少ない場合はガーゼや包帯で止血をしましょう。しかし、わずかな出血でも自咬症に繋がる可能性もあるので、獣医師に診察してもらうことをおすすめします。状態によっては、デグーが傷口を舐めたり、掻いたりしないように、エリザベスカラーを装着させることもあります。

Point

- ガーゼや包帯で止血
- エリザベスカラーを装着させることもある

誤飲・誤食

食べてはいけない物や食べられない物などを
デグーの活動範囲の中に置いておくのは危険です。

【症状】

場合によっては命の危険にさらされることも！

- 下痢
- 元気喪失
- 場合によっては命の危機も

Check!

下痢が続いた場合には脱水症状にも注意

デグーの食べ物ではない物を好奇心をもって食べてしまい、そのことが原因で、下痢を起こす場合があります。またそのことによる脱水症状にも注意する必要があります。場合によっては命の危険にさらされることもありますので注意しましょう。

【原因】

食べてはいけない物や食べられない物を置いたままにしている

食べてはいけない物や食べられない物などをデグーの活動範囲の中に置いておくのは危険です。例えば、人が食べるお菓子類や薬など。次のような、デグーが食べたり飲み込んだりしてはいけない物を飼い主は把握しておく必要があります。

種類	具体的な品名（カッコ内は理由）
菓子類	チョコレート（含まれるテオブロミンに毒性あり）
果物類	ぶどうやリンゴの種子のほか、ビワ、アンズ、梅、モモ、スモモ、オウトウ（サクランボ）などのバラ科植物の種子や未熟な果実の部分（含まれるシアン化合物に毒性あり）
野菜 その他の植物類	・アボカド（含まれるペルシンに毒性あり） ・ネギ、玉ねぎ、ニラ、ニンニクなどのネギ類（含まれるジスルフィド化合物に毒性あり） ・ユリの花（含まれるアルカロイドなどに毒性あり）
その他	人が飲食するコーヒー、紅茶、コーラ、アルコール類、クッキー、ケーキ、牛乳、チーズ、ヨーグルトなど
食べ物以外で 誤飲する物	人の薬、紙の印刷物、プラスチックの破片、床材、木製・布製などのおもちゃなど

【対策】

誤飲・誤食する可能性のあるものを一切置かない

ケージ内やケージ外の行動範囲内には、デグーが誤飲・誤食する可能性のあるものを一切置かないことが大切です。例えば、つい置いたままで忘れがちな物として、電気コードやボタン電池、観葉植物、人間用の食べ物、デグー用ではない他のペット用のおやつ、おもちゃの小さな部品などは気をつけましょう。また、ケージは網目が細かいものを利用して、脱走でない環境をつくることが大切です。

Point

- 行動範囲内に誤飲・誤食する可能性のあるものを一切置かない
- ケージは網目が細かいものを利用して脱走できない環境をつくる

【治療】

吸着剤を投与

何を誤飲・誤食したかによって治療法は異なりますが、デグーの状況を診察し、適切な治療を行います。治療法としては、デグーが有害な物質を誤飲・誤食した場合、吸着剤を投与したり、場合によっては、胃切開、腸管切開などの外科手術を行う場合もあります。

Point

- 吸着剤を投与する
- 飲した物によっては、胃切開、腸管切開などの外科手術を行う

尾抜け・尾切れ

うっかり足でしっぽを
踏んでしまわないように!

【症状】

患部を頻繁に舐めたり、噛んだりしていたら要注意

- 尾抜けは、しっぽの皮膚がむけて内部の筋肉が露出する
- 尾切れは、しっぽが途中で切れてしまう

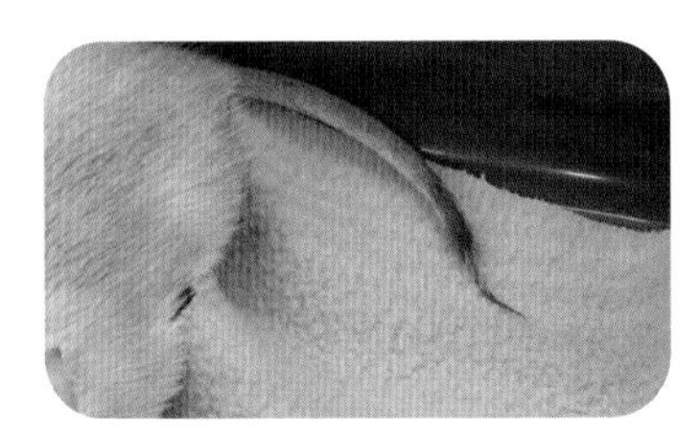

尾抜け

抜けた皮毛

Check!

**多少の血は出るものの
すぐに止血する**

尾抜けは、しっぽの皮膚がむけること。尾切れは、しっぽが切れること。それらは、それほどひどい状態でなければ、多少の血は出るもののすぐに止血します。そして、特に痛がる様子もなくふだん通りの活発な活動をしています。しかし、抜けた尾から血が出て止まらない場合や、しっぽ全体が腫れ上がり熱を持っていたり、デグーがしっぽを頻繁に舐めたり、噛んだり、残されたしっぽを振ったりしている時は痛みを感じていたり、細菌感染を起こすことがあります。また、このことがきっかけとなって自咬症（P108参照）になることがあるので要注意です。

【原因】

簡単に起きるので注意しよう

人が誤ってしっぽを踏んでしまったり、人がしっぽをつかんだり、デグーが自らどこかに引っ掛けたりすることで起きてしまいます。また、デグー同士や他の動物とのケンカなどが原因で起きることもあります。

【対策】

決してしっぽをつかんだり引っ張ったりしない

　多頭飼いの場合は、デグー同士のケンカを防ぐことが大切です。また、デグーのしっぽを踏んだりしないように気をつけることや、デグーを扱う際は、決してしっぽをつかんだり引っ張ったりしないことです。

　なお、もし尾抜けや尾切れが発生した場合は、単頭ケージにし、傷口が完全に乾くまで回し車や砂場を外して、ふだん以上にケージ内を清潔に保ちましょう。

治るまで砂浴びは控えましょう

Point

- デグー同士のケンカを防ぐ
- デグーを扱う際は、決してしっぽをつかんだり引っ張ったりしない
- もし尾抜けや尾切れが発生した場合は、単頭ケージにし、ふだん以上にケージ内を清潔に保つ

【治療】

軽症の場合は、止血と消毒のみで済む

　尾抜け・尾切れの治療は、症状の程度によって異なります。軽症の場合は、ガーゼなどで圧迫止血と消毒のみで済む場合もあります。細菌が感染した場合、切断、抗生物質の投与などの治療が必要になります。縫合や切断は、皮膚が癒合して抜糸するまで、あるいは、痂皮がなくなるまでエリザベスカラーを装着します。

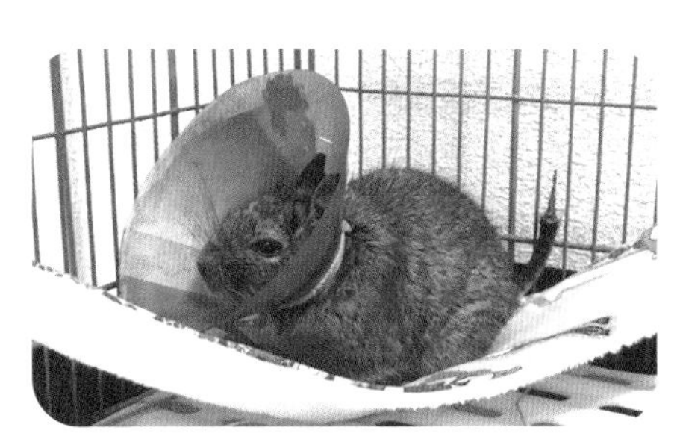

Point

- 軽症の場合は、圧迫止血と消毒のみで済む
- 重症の場合は、縫合や切断、抗生物質の投与などの治療が必要
- エリザベスカラーを装着

熱中症（ねっちゅうしょう）

もともとは寒冷な乾燥した環境で生活する動物のため、
暑さには弱いです。暑さ対策は必須です!

【症状】

呼吸が浅く早くなっていたり、ぐったりしていたら要注意

- 呼吸が浅く早くなっている
- ぐったりしている
- よだれを流している

Check!

対処が遅れると命にかかわる

ふだんは活発に動き回っているのに、動かずにぐったりとしていたり、ケージの隅に隠れたり、巣箱にこもったりしている。いつもはよく食べるのに、与えたフードをまったく食べない状態が見られたら要注意です。対処が遅れると症状が重くなってけいれんや意識障害に陥り、命にかかわりますので注意しましょう。

【原因】

主な原因は、高温や高湿度の環境にさらされること

デグーが熱中症になる主な原因は、高温や高湿度の環境にさらされることです。また、十分な水分を摂取できなかったり、直射日光が当たるような場所にケージが置かれたりしていて、適切な避難場所がない場合も熱中症にかかる危険性があります。

【対策】

エアコンで室温を25℃以下に保つ

夏はエアコンで室温を25°C以下に保ちましょう。冷やす際は、急激に冷やしすぎないように注意が必要です。また、冷風はデグーに直接当たらないようにしましょう。ケージは直射日光が当たらない場所に設置しましょう。また、新鮮な水を常にケージ内に用意しておきましょう。暑い日には水が早く蒸発するため、水がなくならないように注意しましょう。さらに、ケージ内に市販のひんやりプレートやペット用の冷却シートなどを活用して涼しい場所を用意しましょう。

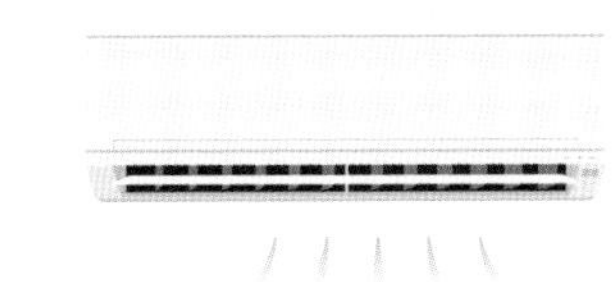

Point

- エアコンで室温を25℃以下に保つ
- ケージは直射日光が当たらない場所に設置
- ケージ内に市販のひんやりプレートやペット用の冷却シートなどを活用して涼しい場所を用意

【治療】

徐々に冷やしていくことが大切

涼しい場所に移動させる、水で体をぬらす、または水で濡らしたタオルをかけるなどデグーの体を冷やすことが重要です。ただし、急激な冷却は体温ショックを引き起こす可能性があるため、徐々に冷やしていくことが大切です。また、同時に、水分補給をしてあげましょう。ぐったりしている時には、すぐに動物病院へ連れていきましょう。

Point

- 体を冷やすことが重要
- 急激な冷却は体温ショックを引き起こす可能性があるため要注意
- 水分補給をする

肥満（ひまん）

遺伝的な要因もありますが、食べる量が
消費するエネルギーよりも多い場合、デグーも肥満になります。

【症状】

動きが鈍くなったり、遊びたがらなくなったりする

- 体型が丸くなる
- 特に首や背中に深いしわができる
- 毛並みが悪くなる

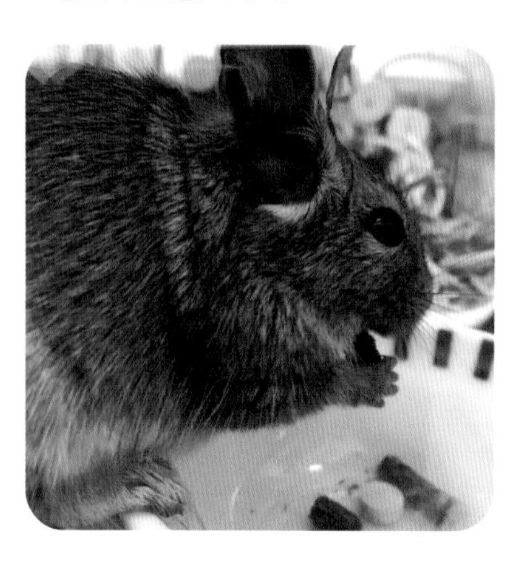

Check!

脂肪肝、糖尿病、心臓疾患などさまざまな病気の元

お腹や胸部をはじめ、首回り、あご、前足など体全体に肉がつきます。行動の変化としては、動きが鈍くなったり、遊びたがらなくなったり、必要以上にフードを食べるようになります。太りすぎてしまうと免疫力が低下し、脂肪肝、糖尿病、心臓疾患、熱中症などのさまざまな病気のリスクも高くなるので注意が必要です。

【原因】

食餌と運動不足が主な原因

デグーが肥満になる主な原因は、食餌と運動不足です。デグーは自然界では活発な動物で、十分な運動を必要とします。飼育下では、運動不足や適切でない高カロリーな食べ物が肥満の主な原因となります。

【対策】

高脂肪・高糖質のフードは避ける

標準体重の15%以上増加すると肥満と考えられます。肥満にさせないためには、栄養バランスの取れた適切な食餌を与え、高脂肪・高糖質のフードは避けることが大切です。また、毎日適度な運動や遊びの機会を与え、運動不足の解消やストレスの低減に努めましょう。

Point

- 高脂肪・高糖質のフードは避ける
- 毎日適度な運動や遊びの機会を与える

【治療】

食餌の管理と運動

デグーの食餌を管理し、適切な栄養バランスを保つことが重要です。主食にはチモシーを与え、高カロリーなおやつを避けましょう。また、運動も大切です。適切な大きさの回し車や、部屋の中で自由に移動できるスペースを確保しましょう。

Point

- 食餌を管理し、適切な栄養バランスを保つ
- 高カロリーなおやつを避ける
- 運動も大切

捻挫(ねんざ)・脱臼(だっきゅう)・骨折(こっせつ)

デグーは外傷などに対して症状を表しにくい動物です。ケガをしても平気そうに過ごしていても、念のために獣医師に診てもらうことをおすすめします。

【症状】

いつもと違う動きをしていたら要注意

- 手足を引きずって歩く
- じっと動かなくなる
- 食欲が低下する

Check!

手足を引きずって歩く

捻挫や脱臼、骨折をすると手足を引きずって歩く、じっと動かなくなる、ぐったりしているなどの症状が確認できます。

【原因】

転倒や落下、ジャンプからの着地ミス

転倒や落下、ジャンプからの着地ミス、飼い主がうっかり踏んでしまった、仲間や他の動物とのケンカ、デグーが狭い場所に入り込んだり、噛んだり引っ張られたりしたなど、原因はさまざまです。

【対策】

まずはケージ内を安全にする

活発に活動するデグーの捻挫や脱臼、骨折を予防するには、まずはケージ内を安全にすることが大切です。障害物や鋭利な物体を取り除き、ケージ内を滑りにくい素材にすることや、特に高齢や幼齢デグーの場合は、内部に段差や高所をなくし、つまづいたり落下したりしないように配慮しましょう。多頭飼育する場合は、デグー同士のケンカを避けるため、個々の様子に注意し、必要に応じてケージを分けましょう。

Point

- まずはケージ内を安全にする
- ケージ内を滑りにくい素材にする
- 高齢や幼齢デグーの場合は、内部に段差や高所をなくす

【治療】

状態がひどい場合には脚を切断することもある

軽い場合は、運動を中止して、安静にして治す場合や包帯を巻いて自然に治す方法もあります。状態によっては手術が必要です。特に骨折では、状態がひどい場合には脚を切断することもあるため、注意してあげましょう。

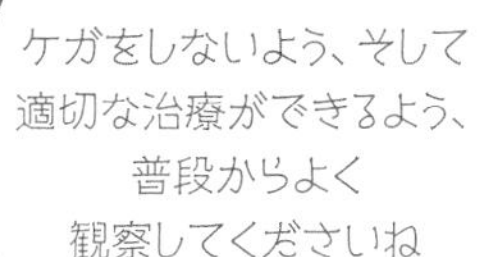

Point

- 運動を中止して、安静にして治す
- 包帯を巻いて自然に治す
- 状態がひどい場合には脚を切断することもある

自咬症（じこうしょう）

デグーが頻繁に体を掻きむしっている
様子が見られたら要注意!

【症状】

皮膚が炎症を起こし、赤くなったり腫れたりしている

- 毛並みが乱れている
- 皮膚に傷や損傷がある
- 皮膚から血が出ている

Check!

頻繁に噛みやすい部位を重点的に噛む

デグーが自分の体を噛むことが増えて、毛が根元から引き抜かれ、脱毛していたり、皮膚が炎症を起こし、赤くなったり腫れたりしていたら要注意です。特に、同じ部位を集中的に噛んでいたら自咬症です。噛める部位ならどこでも噛みますが、特に、陰部、お尻、しっぽ、四肢など、噛みやすい部位を頻繁に噛みます。

【原因】

飼い主や仲間同士とのコミュニケーション不足

自咬症の原因は個体によって異なりますが、一般的にはストレスが最も一般的な原因とされています。単独飼育や運動不足、おもちゃ不足、飼い主や仲間同士とのコミュニケーションなどの社会的刺激が欠如した環境では、それがストレスの原因となり、自咬症を引き起こすことがあります。また、他の病気やケガによって痛みやかゆみなど、体への違和感を感じることが契機となって自咬症になる場合もあります。

【対策】

退屈しない環境づくりが大切

デグーに適度な運動や遊びの機会を与え、退屈させないようにする。また、広い飼育環境を用意し、できれば複数匹で飼育するようにしましょう。単頭飼育の場合は、飼い主が毎日、デグーとの触れ合い時間を設け、コミュニケーションを取ることが大切です。

デグーの自咬症は、早期に発見し、適切な治療を行うことが大切です。特に、デグーに何らかの体の痛みを感じるような病気がないかを含めて、定期的に獣医師に診てもらいましょう。

Point

- 適度な運動や遊びの機会を与える
- できれば複数匹で飼育する
- 単頭飼育の場合は、デグーとの触れ合い時間を設け、コミュニケーションを取る

【治療】

原因によって異なる

自咬症の治療は、原因によって異なります。ストレスが原因の場合は、デグーの飼育環境を改善したり、運動や遊びの時間を増やしたりしましょう。また、痛みが原因の場合は、原因となる病気を治療する必要があります。この時、痛み止めを飲ませたり、エリザベスカラーを装着して咬ませないようにします。また、退屈が原因の場合は、飼育環境に運動器具や遊び道具などを設置し、刺激を与えます。毎日、飼い主がデグーとの触れ合う時間を設けることも大切です。

Point

- ストレスが原因の場合は、飼育環境の改善、運動や遊びの時間を増やす
- 自咬症が止まらない場合にはエリザベスカラーを付ける
- 退屈が原因の場合は、飼い主が触れ合う時間を設ける

索引